大億財金 39

海期致勝關鍵

操盤高手獲利策略

郭子維　著

大億出版有限公司

國家圖書館出版品預行編目資料

海期致勝關鍵：操盤高手獲利策略/郭子維
著—第一版—新北市； 大億， 2020.05
 面；公分 --大（億財金；39）
ISBN 978-986-94634-6-1（平裝）
1.期貨交易 2.期貨操作 3.投資技術
563.534   109005350

大億財金 39

海期致勝關鍵： 操盤高手獲利策略

作　　者　郭子維

主　　編　王孝平

發 行 者　大億出版有限公司

地　　址　新北市板橋區溪崑二街13號4樓

　　　　　電話 (02)26878994　　傳真 (02)26875183

排　　版　菩薩蠻數位文化有限公司

　　　　　電話 (02)89137651　　傳真 (02)89137658

總經銷　永續圖書有限公司

地　址 22103　新北市汐止區大同路三段 194 號 9 樓之 1（A 棟）

網　址　WWW.foreverbooks.com.tw

E MAIL yungjiuh@ms45.hinet.net

電 話 (02)86473663　　　傳 真 (02)86473660

定　　價　290 元

第 一 版　2020 年 05 月

I S B N　978-986-94634-6-1（平裝）

CONTENTS
目 次

▌精選商品簡介▌

PREFACE
推薦序

期貨公會理事長　糜以雍

　　《海期致勝關鍵》是子維的第二本著作，距離他的第一本著作——《戰勝期貨》，時隔三年。在這三年中，台灣期貨市場規模不斷擴大，朝國際化、多元化發展，與此同時市場投資人對於各類型商品的避險或投資需求同樣快速成長。不少投資人在國內市場完成練兵後，進一步面向國際市場尋找更多金融商品的投資管道與獲利機會。

　　海外期貨（海期）與國內期貨（內期）是不同商品，投資人必須了解不是所有操作內期的方法都適用於操作海期。然而基本原則是不變的：投資人需要有健全的心態，與善用技術分析。

　　子維進入海期投資有一段日子了，頗有收穫，這次將自己實務觀察，以及平日授課時了解的投資人盲點一一做說明，並且整理成冊，與投資人分享。本書是從眾多商品中，挑選出子維最嫻熟而且熱門的美國指數、歐元、原油與黃金，引導投資人進入海期。內容由簡介商品開始，涵蓋了會影響商品價格起伏的事項，與投資人必須掌握的交易機會，每章最後更以實務案例做解說，務求投資人能融會貫通。

　　《戰勝期貨》主要著重在建構基礎架構，如何正確運用技術分析與籌碼分析，並利用內期做為進入期貨市場的敲門磚，而新作《海期致勝關鍵》則是在以《戰勝期貨》為基礎之上，加入各項商品應注意的基本面數據與其解讀方式，並將運用層面推廣至海期各項商品。不論是循序漸進的踏入進階，亦或是做為挑戰更遼闊市場，本書都是一窺海期堂奧，不可或缺的重要必讀書籍。

PREFACE
推薦序

理周集團總裁　洪寶山

　　自從1997年1月17日新加坡期貨交易所發行摩台指期貨開始，是大多數台灣投資人第一次接觸海外期貨商品，當時缺乏系統性的了解海外期貨的優勢，只是聽一些先進跟期貨營業員分享經驗，大抵都是期貨屬於高槓桿商品，風險高，如果止損慢一點，可能一晚上一棟房子就沒了。經過23年，台灣證交所正式推行早在海外期貨交易系統執行的逐筆交易制度，其中大多數股民陌生的IOC(立即成交貨取消)、FOK(全部成交或取消)就是海外期貨的下單模式，如果能夠善用下單技巧，其實海外期貨並沒有想像中的可怕。

　　事實上，交易海外期貨可能比做股票來的更容易賺錢，怎麼說呢？做股票有選股的問題，台股至少超過1500支個股，明天會漲哪一支，或是哪一支股票可以做長線，真的只能博杯；但是透過作者精心挑選的小道瓊股指、黃金與原油期貨，不僅可以滿足多空雙向靈活短線操作，甚至早點接觸的投資人還可以享受到美股長達11年的多頭行情，可以說多空、長短皆相宜。

　　自從價值投資抬頭，以及外資長期鎖碼台積電等績優權值股，造成台股的波動率逐漸縮小，很多股民常常懷念1987~1999年的台股波動率大的年代，感嘆錯失了黃金歲月；但是如果接觸海外期貨的話，就會發現海外期貨的可以預先知道那個時間有機會出現大波動，是的，真的可以預先推測哪個時間點有行情，這個竅門在《海期致勝關鍵》的〈突破迷思〉章節就提到不盯盤的技巧在於：只要關注當天的重大財經事件與經濟數據，就有機會把握住賺錢的機會，每天可能只要花個兩小時，報酬率比股票的一天10%還好賺，多迷人，是吧！

　　作者郭子維老師是少數能夠結合實戰與理論的海外期貨操盤手，長期在理周教育學院開課，能夠深入簡出的將大家都望之畏懼的海外期貨一點就通，拜讀大作之後發現果然是位具有真材實料的講師，很榮幸可以在此書付梓之際為之推薦。一切就向郭子維老師學起。最後祝大家理財，理善，理健康！

沈寶山

FOREWORD
前　言

　　臺灣期貨交易所成立於1998年7月21日，迄今已十餘年，但與國際期貨發展史相比，台灣期貨就像剛學步的小孩。然而台灣期貨雖然起步較晚，但在期貨人不斷努力之下，市場發展快速，從一開始台指期貨，到現今有外匯、能源、貴金屬……等各面向期貨商品。此外，為了讓避險效果達到最大化，期交所推出的商品大多以台幣計價為主，這對台灣的投資人而言是一大福音，投資人得到適當的工具做為輔助，使得期貨投機、避險與價格發現的三大功能，獲得更有效的發揮。

　　但由於種種管制，很多投資機會在台灣市場只能找到間接投資機會，而且投資標的種類多寡差異，對期貨市場更加明顯，例如：黃（黃豆）小（小麥）玉（玉米）是海期主流之一，這些商品在國際市場可以輕鬆找到直接投資的標的。所以要建構出多方位的投資組合，投資人勢必要了解與接觸海外期貨市場。

　　什麼是海期？指的是海外期貨。大多數投資人對於海期的看法是負面印象，例如：海期交易時間幾乎接近24小時，而且熱門交易時段通常是從晚上開始，一直延續至次日凌晨，不懂操作

技巧的投資人往往看盤看到旭日東昇，日夜顛倒的生活讓很多人怯步。此外，海期槓桿高、波動大，所以造成投資人會認為操作海期需要大量資金，而且稍不留神，就會有傾家蕩產的危險。

以上種種錯誤觀念，使得投資人對海期諸多誤解。海期與內期是不同商品，不是所有操作內期的方法都適用於操作海期。不過兩者有共通點：**投資人需要有健全的心態，與善用技術分析，**兩者是相輔相成的。

要提醒投資人的是，操作海期絕對不能忽視消息面，尤其是經濟數據變化。舉例來說，台灣期貨交易所在美國市場收盤後大約下午1：50會公布三大法人當天淨部位多、空增減，下午3：00過後會公布三大法人及十大交易人留倉部位變化。相較於台灣期貨交易所對法人籌碼公告的即時性，海期明顯晚了一步；大部分海期商品籌碼變化是一星期公布一次，甚至有少部分海期商品不提供相關籌碼資訊。這些數據對於內期走勢影響比較不明顯，但是換到海期市場，數據公布除了引爆短線行情，甚至形成關鍵轉折。

分析金融商品未來趨勢通常分成三個面向研究：基本面(含消息)、技術面與籌碼面。然而這三個面向對商品的影響力也有不同差異；**從海期短線走勢觀察，基本面(含消息)的影響力大於技術面，技術面大於籌碼面**，因此掌握經濟數據公布時間，並精準分析數據公布結果，對任何一類商品造成何種影響是操作海期的致勝關鍵。

本書分為兩篇六章，第一篇的兩章主要在說明什麼是海期、與內期的差異、操作方式的區別，以及如何突破對海期迷思，建

立正確操作心態與方式。第二篇精選了四種商品：指數、外匯、石油和黃金。從簡介該項商品、分析影響該項商品的交易背景、如何掌握交易機會、實際案例分析等等，引領投資人充分了解海期和操作要訣。

最後仍然要耳提面命的提醒，任何金融商品都會有風險，但風險最主要源自於**人性的貪婪**。大部分投資人操作金融商品都只想著**要賺錢**，而不是想著**要如何賺錢**，也就是賠錢要坳到賺錢，賺錢時想要賺更多的錢，這就是貪婪，也是風險的主要來源。因此選擇商品關注的焦點，不是哪些商品很可怕，而是要如何控制貪婪作祟。

認識海期

什麼是海期？指的是海外期貨，由於種種管制，很多投資機會在台灣市場只能找到間接投資機會，然而投資標的種類多寡差異，對期貨市場更加明顯，有很多商品在國際市場可以輕鬆找到直接投資的標的。所以要建構出多方位的投資組合，投資人勢必要了解與接觸海外期貨市場。

01

海期起手勢：分析內外期差異，
快速了解海期！

　　什麼是海期？指的是海外期貨。如果用人的年齡做比喻，以台灣金融市場對上國際金融市場，就像是幼兒跟成年人。由於種種管制，很多投資機會在台灣市場只能找到間接投資機會，然而投資標的種類多寡差異在期貨市場更加明顯，例如：黃（黃豆）小（小麥）玉（玉米）是海期熱門品之一，這些在國際市場可以輕鬆找到直接投資的標的。所以要建構出多方位的投資組合，投資人勢必要了解與接觸海外期貨市場（見圖1-1、1-2、1-3）。

圖 1-1　美、中貿易戰緩和，帶動黃豆兩波走揚創高，新冠肺炎疫情利空，讓黃豆價格重　　　傷。（資料來源 DQ2）

圖 1-2　同樣受美、中貿易戰緩和激勵，玉米表現比黃豆疲弱。　(資料來源 DQ2)

圖 1-3　美、中貿易戰和緩，小麥一波大漲，直到第一段協議簽定。同樣事件，同樣是農產
　　　品，所呈現的結果卻迥然不同，多方位的投資組合有其必要性。 (資料來源 DQ2)

⬏ 生存之道

　　跨入海期市場，而且要獲利、不被市場淘汰，不是只靠運氣跟膽識就可以達成。與所有金融產品一樣，基本功課一定要做足、做滿。海期商品跟內期商品同樣有開、高、低、收，既然有開、高、低、收就可以畫出K線；有了K線，技術分析就可以派上用場。所以筆者在《**戰勝期貨**》中提到的〈**關鍵轉折**〉、〈**新均線理論**〉都可以運用在海期交易之中，做為進、出場依據。除了善用技術分析外，海期波動度大多大於內期，因此相較於內期，海期更需要健全的交易心態。（見圖1-4）

圖 1-4　MI 道瓊與台指期同樣是指數型期貨商品，除了農曆年連假後補跌，出現較長的 K 線（三角形標示處）其餘時間不論是波段走勢，或是單日表現，MI 道瓊多、空趨勢比台指期鮮明。（資料來源 DQ2）

海期與內期的操作差異

　　值得留意的是，雖然操作海期與操作內期都需要健全的心態，與善用技術分析互相配合，但海期與內期終究是不同商品，不是所有操作內期的方法都可以用來操作海期。舉例來說，**台灣期貨交易所在美市收盤後，大約下午1：50會公布三大法人法當天淨部位多、空增減；下午3：00過後，會公布三大法人及十大交易人留倉部位變化**。相較於台灣期貨交易所對法人籌碼公告的即時性，海期明顯晚了一步，大部分海期商品籌碼變化是一星期公布一次，甚至有少部分海期商品不提供相關籌碼資訊。籌碼分析在海期市場的重要性相對較低。（見圖1-5、1-6）

期貨與選擇權二類

單位：口數；千元(含鉅額交易，含標的證券為國外成分證券ETFs或境外指數ETFs之交易量)　　　　日期2020/02/24

		交易口數與契約金額										
	多方				空方				多空淨額			
	口數		契約金額		口數		契約金額		口數		契約金額	
身份別	期貨	選擇權	期貨	選擇權	期貨	選擇權	期貨	選擇權	期貨	選擇權	期貨	選擇權
自營商	50,975	322,769	50,489,899	907,819	52,150	336,164	52,367,864	859,764	-1,175	-13,395	-1,877,965	48,055
投信	411	0	941,256	0	428	0	985,324	0	-17	0	-44,068	0
外資	192,243	179,619	229,287,576	686,783	197,154	188,390	230,988,786	769,279	-4,911	-8,771	-1,701,210	-82,496
合計	243,629	502,388	280,718,731	1,594,602	249,732	524,554	284,341,974	1,629,043	-6,103	-22,166	-3,623,243	-34,441

		未平倉餘額										
	多方				空方				多空淨額			
	口數		契約金額		口數		契約金額		口數		契約金額	
身份別	期貨	選擇權	期貨	選擇權	期貨	選擇權	期貨	選擇權	期貨	選擇權	期貨	選擇權
自營商	39,110	286,105	34,878,549	1,107,867	96,209	235,744	43,188,193	1,112,712	-57,099	50,361	-8,309,644	-4,845
投信	4,968	90	6,434,643	482	25,525	60	52,370,974	84	-20,557	30	-45,936,331	398
外資	85,589	94,287	139,219,804	1,036,024	86,365	138,021	80,608,290	932,800	-776	-43,734	58,611,514	103,224
合計	129,667	380,482	180,532,996	2,144,373	208,099	373,825	176,167,457	2,045,596	-78,432	6,657	4,365,539	98,777

圖 1-5　期交所每天都會公布法人籌碼變化。　　　　　　　　（資料來源 台灣期貨交易所）

```
COAL (API 2) CIF ARA - NEW YORK MERCANTILE EXCHANGE                                                          Code-024656
Disaggregated Commitments of Traders - Futures Only, February 18, 2020
----------------------------------------------------------------------------------------------------------------------
   :        :                                   Reportable Positions                                    :   Nonreportable
   :        : Producer/Merchant/ :                         :                        :                    :    Positions
   :  Open  : Processor/User     :    Swap Dealers         :     Managed Money       :  Other Reportables :
   : Interest: Long  :  Short  : Long :  Short :Spreading : Long : Short :Spreading : Long : Short :Spreading: Long : Short
----------------------------------------------------------------------------------------------------------------------
   :        :(CONTRACTS OF 1,000 METRIC TONS)                                                            :
   :        : Positions                                                                                  :
All :  20,871:  14,332  11,910   1,372    415     865     657   1,475    180      397   2,878   2,066:  1,002  1,082
Old :  20,871:  14,332  11,910   1,372    415     865     657   1,475    180      397   2,878   2,066:  1,002  1,082
Other:      0:       0       0       0      0       0       0       0      0        0       0       0:      0      0
   :        :                                                                                            :
   :        : Changes in Commitments from:    February 11, 2020                                          :
   :     411:     486     339     -45   -155      92       0     -15      0      -15     265    -155:     48     40
   :        :                                                                                            :
   :        : Percent of Open Interest Represented by Each Category of Trader                            :
All :   100.0:    68.7    57.1     6.6    2.0     4.1     3.1     7.1    0.9      1.9    13.8     9.9:    4.8    5.2
Old :   100.0:    68.7    57.1     6.6    2.0     4.1     3.1     7.1    0.9      1.9    13.8     9.9:    4.8    5.2
Other:   100.0:     0.0     0.0     0.0    0.0     0.0     0.0     0.0    0.0      0.0     0.0     0.0:    0.0    0.0
   :        :                                                                                            :
   :        : Number of Traders in Each Category                                                         :
All :     29:      13      13       .      .       5       .       .      .        .       4       6:
Old :     29:      13      13       .      .       5       .       .      .        .       4       6:
Other:      0:       0       0       0      0       0       0       0      0        0       0       0:
----------------------------------------------------------------------------------------------------------------------
   :        : Percent of Open Interest Held by the Indicated Number of the Largest Traders               :
   :        :       By Gross Position              By Net Position                                       :
   :        : 4 or Less Traders  8 or Less Traders  4 or Less Traders  8 or Less Traders                 :
   :        : Long:   Short   Long    Short:   Long    Short    Long    Short                            :
----------------------------------------------------------------------------------------------------------------------
All :         46.9    45.4    70.0    71.0     27.2    31.5    38.6    37.5
Old :         46.9    45.4    70.0    71.0     27.2    31.5    38.6    37.5
Other:         0.0     0.0     0.0     0.0      0.0     0.0     0.0     0.0
```

圖 1-6　海期籌碼面報告 Commitments of Traders（COT），每星期公布一次。
　　　　（資料來源 CFTC）

　　除了資訊公布即時性有差異外，對於消息面反應也是迥然不同。有操作美股的投資人一定會注意下列資訊：

一、就業數據變化；

二、美國聯邦準備理事會（FED）對利率看法；

三、國內生產毛額（GDP）增減變化。

　　這些數據對於內期走勢影響比較不明顯，但是換到海期市場，**數據公布除了引爆短線行情，甚至形成關鍵轉折**（見圖 1-7、1-8）。再次提醒投資人：**操作海期絕對不能忽視消息面，尤其是經濟數據變化。**

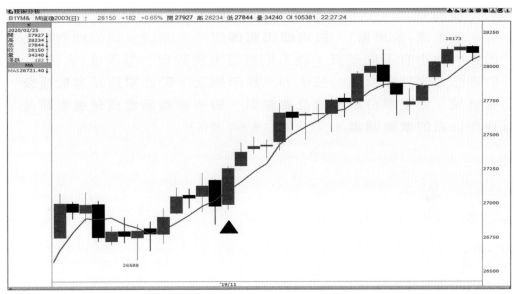

圖 1-7 美國就業數據表現亮眼，數據公布後 MI 道瓊強勢走升，化解箱型整理創造波段多頭。（資料來源 DQ2）

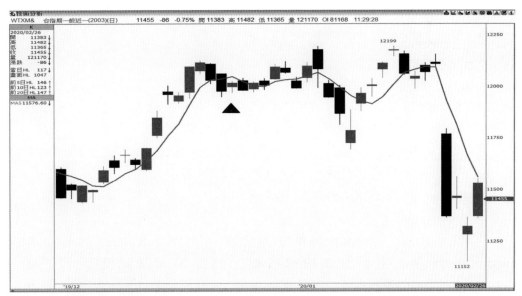

圖 1-8 台灣失業率連續三個月下滑，就業市場持續溫和加溫，但台指期表現差強人意。（資料來源 DQ2）

　　總而言之，分析金融商品未來趨勢，通常分成三個面向研究：**基本面(含消息)、技術面與籌碼面**。然而這三個面向對商品的影響力也有不同差異；從海期短線走勢觀察，基本面(含消息)的影響力大於技術面，技術面大於籌碼面，**因此掌握經濟數據公布時間，並精準分析數據公布結果，對哪類商品造成何種影響是操作海期的致勝關鍵。**（見圖1-9、1-10）

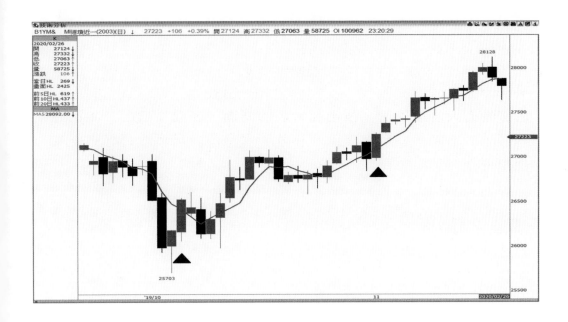

美國非農就業人數增減 (萬人)

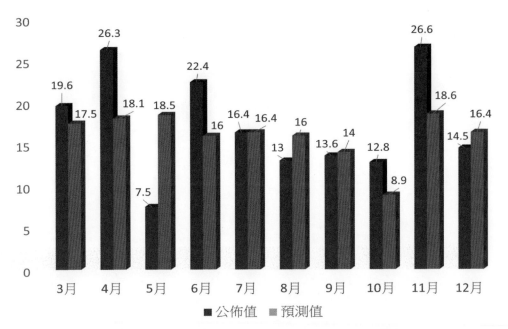

圖 1-9、1-10　美國 2019 年 9 月非農就業人數較 8 月非農就業人數增加，10 月非農就業
人數增幅優於預期，在就業數據激勵下，MI-道瓊走揚大漲。

CH. **02**

突破迷思，建立正確操作心態與方式！

　　大多數投資人對於海期的看法是負面印象，舉例來說，海期交易時間幾乎接近24小時，而且熱門交易時段通常是從晚上開始，一直延續至次日凌晨，不懂操作技巧的投資人往往看盤看到旭日東昇。晚上不睡覺，當然只能靠白天補眠，日夜顛倒的生活讓很多人怯步。除了生活作息外，海期槓桿高、波動大，所以造成投資人會認為操作海期需要大量資金，而且稍不留神，就會有傾家蕩產的危險。以上種種錯誤觀念，造成投資人對海期諸多誤解。

 需要大量資金，才能操作海期？

　　相對於台灣期貨交易所掛牌的期貨商品最高保證金80,000多(排除個股期)而言，部分海期商品1口保證金接近，甚至超過10萬，確實有點高，不過保證金的收取並不是無解難題。**在海期大部分商品中，都有提供當沖功能**；換句話說，只要用一半保證金就可以下1口單。看到這裡，一定會有人問：「海期能夠當沖有啥稀奇，內期現在也可以。」然而同樣是當沖，內、外期確有相當大的差異。

　　眾所皆知，台灣期貨交易所也開放當沖交易，但台灣期交所的當沖並不會看部位維持率；也就是說，收盤前當沖部位維持率不管是80%、90%，甚至超過100%，只要是當沖，都會在13：30開始排隊反向沖銷，所以在**台灣期貨交易所的當沖，該部位就真的只能夠「當沖」**。

　　但海期卻不一定，海期當沖一樣是保證金減半，不過海期會斟酌部位維持率，如果收盤前部位維持率超過100%，部位由當沖轉為一般，此時當沖就可以轉為波段交易，只要方向正確，市場會幫你湊齊不足的保證金，**海期當沖交易相對靈活，可以用小錢由短做到長**。

表 2-1　同樣是當沖交易，內、外期仍舊有差異。

	當沖保證金減收	收盤前整戶維持率不足100%	收盤前整戶維持率超過100%
內期	50%	期貨商代沖銷	不會代沖銷
海期	50%	期貨商代沖銷	期貨商代沖銷

　　舉個例子以表2-1做說明，假設買進1口MI-道瓊期貨。而1口MI-道瓊期貨的保證金是6,050美元(約新台幣181,500元)，使用當沖佈局，MI-道瓊期貨1口保證金調降為3,025美元(約新台幣90,450元)，假設收盤前保證金專戶整戶維持率超過100%，那麼收盤時該部位轉為一般單留倉。

　　同樣的佈局模式換成台指期，當沖買進1口大台，保證金由新台幣110,000元下調至新台幣55,000元。但是與外期不同的是，在下午13：30前，保證金專戶整戶維持率超過100 %，期貨商依舊執行代沖銷反向平倉。

風險很高，難管控？

任何金融商品都會有風險，但商品風險並不是來自於商品本身；風險最主要源自於**人性的貪婪**。大部分投資人操作金融商品都只想著**要賺錢**，而不是想著**要如何賺錢**，也就是從賠錢要坳到賺錢，賺錢時想要賺更多的錢，這就是貪婪，也是風險的主要來源。因此選擇商品關注的焦點，不是哪些商品很可怕，而是要如何控制貪婪作祟。

前文提到，可以利用當沖交易降低保證金，其實當沖的功能不只如此，**當沖也是控制貪婪的好工具**。會使用當沖，通常起始維持率未達100%，那麼在當沖且維持率未達100%，這筆交易會有三種結局：

一、**方向看錯**，維持率一直遞減，最終維持率不足，遭反向沖銷。

二、**方向看對**，但行情不夠亮眼，收盤時維持率無法達到100%，遭反向沖銷。

三、**方向看對且行情很大**，收盤前維持率回到100%以上，部位由當沖轉為一般單留倉。

所以海期當沖部位只有在做對，而且獲利達到一定水平的情況下才會留倉，如此一來，坳單可能性會大幅降低，用維持率控制貪婪，同時有機會讓獲利持續延續。

除了用在當沖外，大部分海期也提供停損市價，以及停損限價的功能。所謂**停損市價就是當商品價格來到一定點位時，由系統執行反線沖銷，沖銷的委託價格為市價**。例如：假設手上持有1口芝加哥商品交易所輕原油多單，擔心方向看錯，於是設定

46.95市價停損，這表示當輕原油來到46.95時，系統會自動以市價空1口輕原油，所持有部位會反向沖銷。值得留意的，**以市價做委託，滑價在所難免，停損價格不會是成交價格**（見圖2-2）。

圖 2-2　設定 46.95 多單市價停損，遭遇停損當跟 1 分鐘 K 急殺，跌破 46.90，此一情況可能導致成交價格低於停損價格。(資料來源 DQ2)

　　至於停損限價，其功能與停損市價相似，**差異在於委託價格不是市價，而是指定價格**，延續前一段案例，當油價來到46.95多單停損出場，這次改為停損限價，限制價格為46.94，此一委託代表當價格來到46.95時，系統會掛出1口賣單，賣出價格為46.94。此一委託方式可避免市價委託造成的滑價，卻有可能出現未成交的情況。停損代表方向看錯，停損操作傾向一定成交，所以委託時不建議停損限價（見圖2-3、表2-4）。

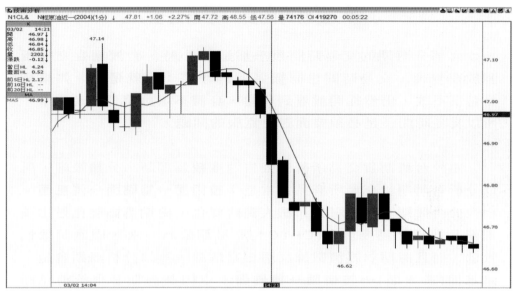

圖 2-3 延續前段案例，改成停損限價。限價價格為 46.94，當油價來到 46.95，系統會掛出 1 口賣單，賣出價格為 46.94，然而遭遇停損當跟 1 分鐘 K 急殺，跌破 46.90，隨 後油價持續下探，此一委託可能會掛單不成交。 (資料來源 DQ2)

表 2-4 停損市價與停限價差異比較。

委託方式	優點	可能面臨的風險
停損市價	一定可以成交	成交價格不確定，有滑價風險。
停損限價	減少滑價	掛單卻無法成交，停損失敗。

交易時間長，不易盯盤？

　　大部分海期的交易時間幾乎都是23小時，台灣期貨交易所開放夜盤後，交易時間也同樣逼近24小時；也就是說，如果交易習慣不改，仍然從開盤看到收盤，身體不堪負荷是早晚的事，所以交易時間長是必須要面對及克服的問題。

　　由於台灣期貨交易所籌碼公告速度較為即時，分類較細，所以分析台灣期貨交易所商品通常是：**技術面→籌碼面→消息面**。相較於台灣期交所每日公布法人籌碼變化，海期籌碼變化是由美國商品期貨交易委員會(CFTC*)一星期公布一次，顯然時效性較低，而且海期對經濟數據反應相當敏感，所以分析海期會是：**消息面(基本面)→技術面→籌碼面**。也因為海期著重於消息面(基本面)，所以經濟數據公布有機會出現轉折，操作時只要針對重要經濟數據公布進行佈局，不用從開盤盯到收盤。

　　除了事件交易外，**平日操作也有一些小技巧**。操作金融商品最在意的是**量**，有量才會有波動，有波動才會有價，因此**平日操作應選擇有量的時間看盤**。以大家比較熟悉的台指期為例，台指期白天開盤時間是早上8：45到下午13：45，在這長達四個小時的交易時間裡，最容易佈局的兩個時段分別是**早上9：10到10：30，以及下午12：30至13：15**。在這兩個時間點以外進場通常會陷入狹幅震盪，多空雙趴的困境（見圖2-5、2-6、2-7）。

＊　美國商品期貨交易委員會（CFTC）是期貨交易主管機關，CFTC每星期五發布一份報告，這份報告統計交易者在這星期的星期二收盤時的倉位分佈。投資人除了可以了解美國期貨市場概況，也可以做成對走勢研判有助的淨部位走勢圖。

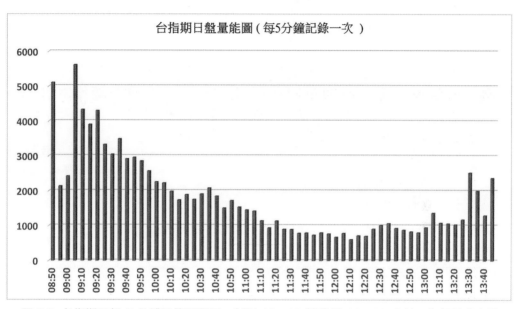

圖 2-5　台指期日盤 5 分鐘量能圖顯示，每日 10：30 過後至 12：30 之前，為每日成交量谷底，波動由量能帶動，量縮讓盤勢陷入震盪，此段時間操作容易被雙趴。

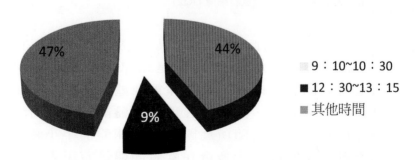

圖 2-6　9：10～ 10：30 與 12：30～ 13：15，這兩段時間佔日盤交易時間不超過 50%，但這兩段時間成交量佔每日成交量超過 50%。

圖 2-7　從單日價格走勢圖觀察，10：30 過後到 12：30 之前，量縮走勢陷入震盪，操作難度高，不宜進場佈局。(資料來源 DQ2)

　　海期交易也是如此，在23小時交易時間中，不代表時時刻刻都有激情演出，慎選交易時間是這筆佈局是否成功的重要關鍵。**掌握有效的交易時間，是操作重要關鍵**。一般來說：

指數型商品出量時間，通常是在現貨開盤前一個小時。

外匯商品出量時間，是隨所屬國家現貨開盤前半小時。

能源類商品出量時間，大多會在歐股開盤後有所表態。

農產品尤其是黃豆、玉米、小麥出量時間，會落在美股開盤後。

詳見圖2-8、2-9、2-10、2-11、2-12，2-13、2-14，以圖例說明上述情況。

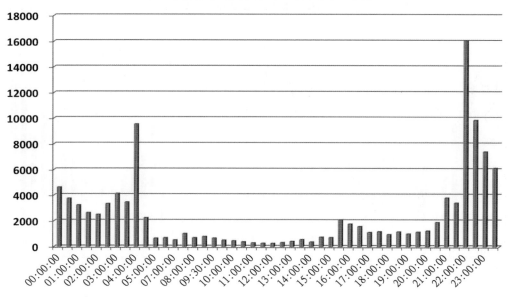

圖 2-8 小道瓊期貨在現貨開盤前一小時開始擴量，量能持續至現貨收盤。因此小道瓊期貨現貨開盤前 1 小時至現貨收盤是最佳交易時機。P.S：截取時間為冬令時間 。(資料來源 DQ2)

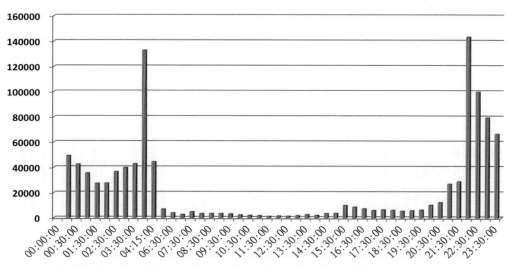

圖 2-9 小 S&P 期貨與小道瓊期貨相同，美股現貨開盤前 1 小時開始擴量，最佳交易時間為現貨開盤前 1 小時至現貨收盤。(資料來源 DQ2)

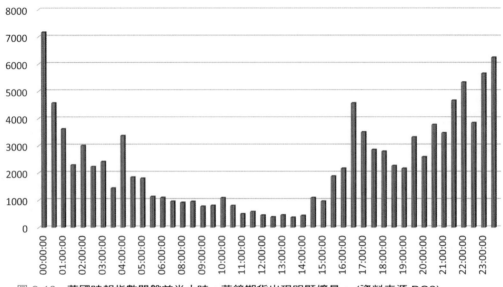

圖 2-10　英國時報指數開盤前半小時，英鎊期貨出現明顯擴量。(資料來源 DQ2)

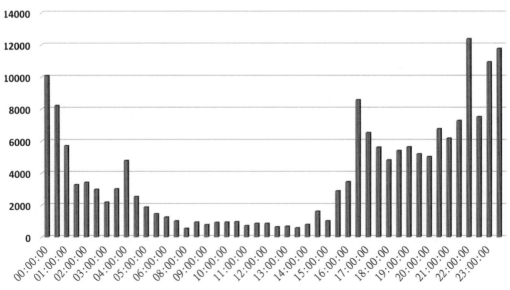

圖 2-11　沒有夏日節約時間，歐股開盤大約在台灣時間下午 16：00，歐元期貨在現貨開盤前半小時開始擴量。(資料來源 DQ2)

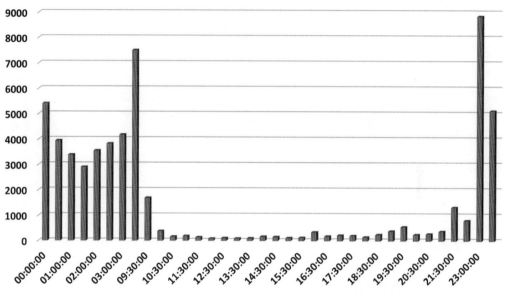

圖 2-12　玉米等農產品期貨出量時間落在美股現貨開盤後。 (資料來源 DQ2)

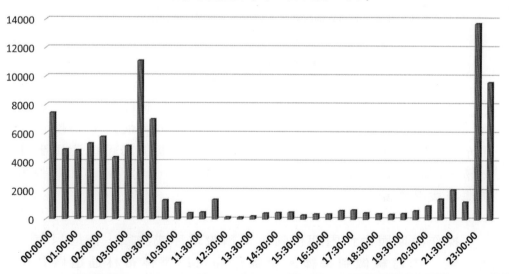

圖 2-13　同屬農產品，黃豆出量時間與其他農產品期貨相同，美股開盤後開始擴量。
　　　　(資料來源 DQ2)

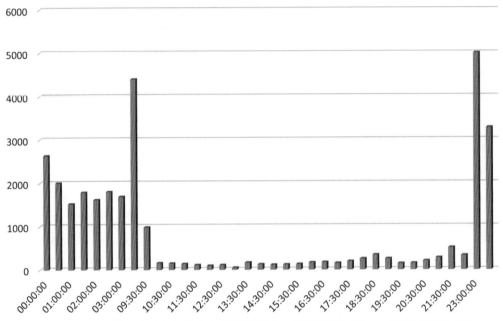

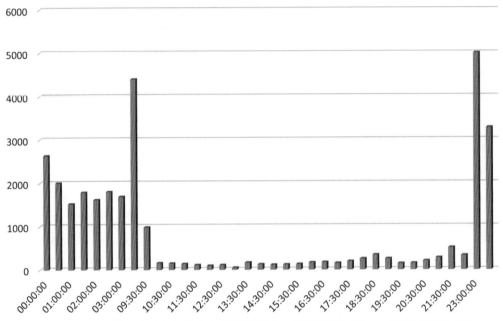

小麥期貨量能圖 **(每30分記錄一次)**

圖 2-14　小麥期貨擴量時間與其他農產品期貨相同，美股開盤後出量。(資料來源 DQ2)

如何運用指標?

筆者在《戰勝期貨》書中，已經把技術分析的要領做詳盡介紹，因此這一段不再贅述技術分析與關鍵轉折，而是要為投資人補充一些先前未提的指標運用。前段提到海期佈局可以運用事件交易，或是平日出量後建倉，了解佈局時間，接下來，就要善用指標尋找多空點位。

操作海期與操作內期相同，不預設當沖或波段，佈局只有一個訣竅：**由短線做到長線**。短線佈局可以選擇**布林通道**做為依據，一倍標準差突破通道機會為32％，兩倍突破機率為5％（見圖2-15、2-16）。

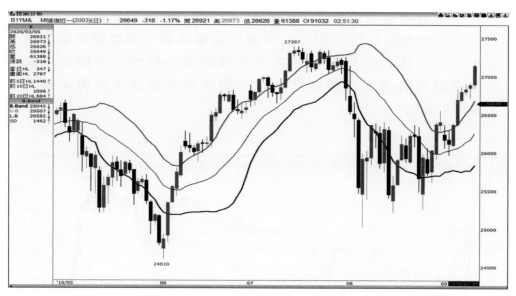

圖 2-15　布林通道取一倍標準差，信賴區間為 68%，有 38%機會會突破通道上下緣，布林
　　　　通道取一倍標準差，進出較為頻繁，承受較大風險。（資料來源 DQ2）

圖 2-16　布林通道取兩倍標準差，信賴區間為 95%，僅 5%機會會突破通道上下緣，布林
　　　　通道取兩倍標準差風險較低，但行情發現較晚。（資料來源 DQ2）

　　布林通道被突破的機率都不超過50%，數據公布後，布林通
道突破，代表有行情可期，**上突破可追多佈局，下突破可向下追
空**。平日操作則運用布林通道不易被突破的特性，採取收斂操
作，**來到布林通道上緣偏空操作，回測布林通道下緣偏多佈局**
（見圖2-17）。

圖 2-17　正常情況下，行情會在布林通道上下緣間來回震盪，圖前半部走勢就是一般情況
　　　　　下，在軌道間震盪。但有大行情發生時，通道會被突破，圖後半部為新冠肺炎發
　　　　　生時，小道瓊期貨下殺，跌破布林通道下緣。（資料來源 DQ2）

　　有了短線怎可以忘記波段，**當佈局由短線進入長線時，波段
多、空趨勢如何判斷就成為首要課題**。與短線相同，波段多、空
同樣要利用技術線型分析。一般來說，比較推薦的是SAR指標
(Stop And Reverse)，依字面的意思是指**停止並轉向**之意，該
指標揭露的是波段反轉，所以指標反轉時，代表波段行情結束
（見圖2-18、2-19）。

圖 2-18　SAR 指標點由下方轉為上方，行情隨即出現大幅反轉，向下壓回。
（資料來源 DQ2）

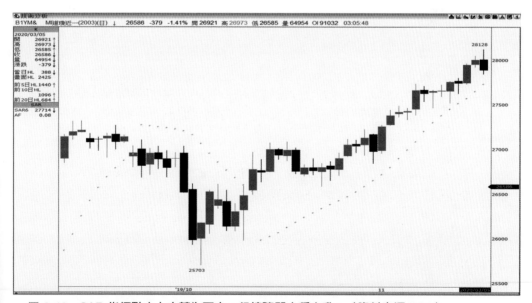

圖 2-19　SAR 指標點由上方轉為下方，行情隨即止穩走升。（資料來源 DQ2）

　　在這一章中，筆者點破了一般投資人對海期的誤解，也打破市場傳統迷思，以及如何對海期建立正確的操作心態與方式；有了這些基礎優勢，可以大幅提升操作海期勝率。然而只有基礎優勢仍略嫌不足，當基礎穩固後，接下來，要更深入探討哪些經典商品比較容易操作，以及這些經典商品有哪些基本面訊息需要格外注意。

精選商品簡介

第二篇精選了目前市場上矚目的四種商品：指數、外匯、石油和黃金。從簡介該項商品、分析影響該項商品的交易背景、如何掌握交易機會、實際案例分析等等，引領投資人充分了解海期和操作關鍵。

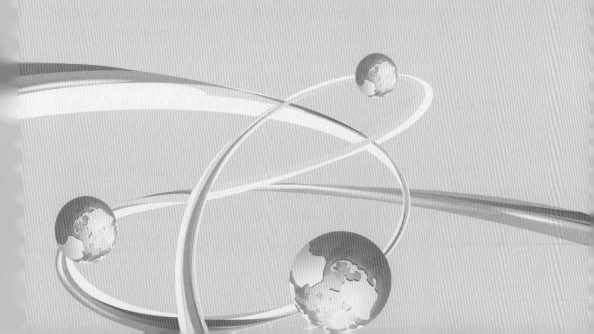

CH. 03
指數類──美國指數(道瓊與 S&P)

　　當證券市場累積到一定規模，基於避險、投資組合等需求，指數型期貨會因此孕育而生。所以成熟的證券市場大多會有與該市場相對應的指數期貨，像是：台灣大台指、美國小道瓊期貨、小S&P期貨、小那斯達克期貨、日本東證指數期貨與日經225指數期貨等都是指數型期貨商品。這類型商品的漲、跌都源自於成分股表現，所以要了解指數型期貨未來走勢就必須從經濟情勢，以及成分股營收表現做分析。

指數期貨經典商品：MI-道瓊與EM-S&P簡介

　　提到指數的首要重點一定會放在由美股編織而成的美國指數；從世界金融的角度來看，美國是世界第一大經濟體，美國股市打噴嚏，全球金融市場就跟著重感冒。所以美國指數表現一直是金融市場關注焦點。世界各國的財金新聞一開始播放時，大多會回顧美股前一交易日表現，或是概述美股現況，證明了美股對國際金融市場的影響力。

　　在台灣會依照各股屬性做分類，並將分類結果編列各種不同指數，把所有上市股票市值加權編列出加權指數，加權指數中，取市值前50檔編列台灣50，指數市場習慣稱之為0050。美國指數也有相同情況，美國500大企業編列S＆P500指數，從

S&P500中，取前30大，編列道瓊工業指數。從S&P500及道瓊工業指數的成分股來看，S&P500及道瓊工業指數在美股的代表性，相當於台灣證券市場中，加權指數與0050（見圖3-1和表3-2、3-3）。

　　本章一開始提到：**當證券市場累積到一定規模，基於避險、投資組合等需求，指數型期貨會因此孕育而生**。所以成熟的證券市場大多會有與該市場相對應的指數期貨。與台灣加權指數相對應的期貨商品是大家耳熟能詳的大台與小台，與S&P500及道瓊工業指數對應的期貨商品則是EM-S&P*與MI-道瓊**。值得留意的，全球指數期貨中，交易量最大的是EM-S&P，間接證明美股對國際金融的影響力，同時說明了市場對EM-S&P的需求，以及學會操作EM-S&P的重要性（見圖3-4）。

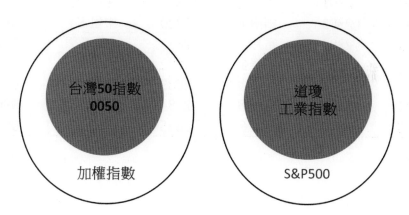

圖 3-1　加權指數與 0050 的關係就像雞蛋與蛋黃，加權指數是整顆雞蛋，其中的精華，蛋黃的部分就是 0050。S&P500 與道瓊的關係也是如此，S&P500 取前 30 檔編列道瓊工業指數。

---

*　　E-mini S&P由於其合約的價值僅相當於S&P指數合約的一小部分，具有極好的流動性，並在GLOBEX電子系統上近24小時進行交易。

**　Min道瓊以30檔成分股做為指數組成元素，大、中、小型道指期貨的合約的月份都是3月6月9月12月，這四個合約月份都在全年所有時間掛牌交易。

表 3-2 台灣 50 成分股會因為公司市值表現情況調整，下列台灣 50 (0050)成分股為 2019 年 10 月修訂。

個股	代碼	個股	代碼	個股	代碼
台 泥	1101	華 碩	2357	兆豐金	2886
亞 泥	1102	廣 達	2382	台新金	2887
統 一	1216	研 華	2395	新光金	2888
台 塑	1301	南亞科	2408	永豐金	2890
南 亞	1303	中華電	2412	中信金	2891
台 化	1326	聯發科	2454	第一金	2892
遠東新	1402	可 成	2474	統一超	2912
中 鋼	2002	陽 明	2609	大立光	3008
正 新	2105	華 航	2610	台灣大	3045
和泰車	2207	台灣高鐵	2633	日月光投控	3711
裕日車	2227	彰 銀	2801	遠 傳	4904
光寶科	2301	中 壽	2823	和 碩	4938
聯 電	2303	華南金	2880	中租-KY	5871
台達電	2308	富邦金	2881	上海商銀	5876
鴻 海	2317	國泰金	2882	合庫金	5880
國 巨	2327	開發金	2883	台塑化	6505
台積電	2330	玉山金	2884	寶 成	9904
佳世達	2352	元大金	2885	豐 泰	9910

表 3-3　**道瓊工業指數 30 檔成分股，每一家都是世界響噹噹的大型公司。**

企業名稱	道瓊指數權重佔比	企業名稱	道瓊指數權重佔比	企業名稱	道瓊指數權重佔比
蘋果	7.75%	開拓重工	3.62%	默克	2.39%
聯合健康集團	7.64%	沃爾瑪	3.52%	雷神技術	1.87%
家得寶	5.83%	IBM公司	3.51%	Verizon通信	1.66%
高盛	5.33%	寶潔公司	3.32%	英特爾	1.65%
麥當勞	5.31%	旅行者	3.17%	可口可樂	1.42%
VISA	5.02%	迪士尼	3.02%	沃爾格林	1.27%
微軟	4.78%	摩根大通	2.97%	埃克森美孚	1.25%
波音	4.39%	美國運通	2.74%	思科系統	1.19%
3M	4.27%	NIKE	2.51%	陶氏	1.06%
強生	4.08%	雪佛龍	2.44%	輝瑞	1.02%
佔比總合	100%				

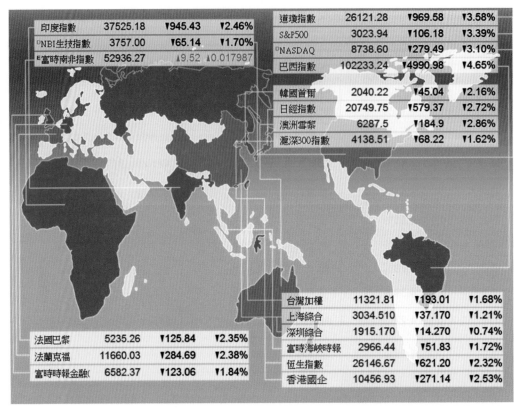

印度指數	37525.18	▼945.43	▼2.46%
ᴰNBI生技指數	3757.00	▼65.14	▼1.70%
ᴱ富時南非指數	52936.27	▲9.52	▲0.017987

道瓊指數	26121.28	▼969.58	▼3.58%
S&P500	3023.94	▼106.18	▼3.39%
ᴰNASDAQ	8738.60	▼279.49	▼3.10%
巴西指數	102233.24	▼4990.98	▼4.65%

韓國首爾	2040.22	▼45.04	▼2.16%
日經指數	20749.75	▼579.37	▼2.72%
澳洲雪梨	6287.5	▼184.9	▼2.86%
滬深300指數	4138.51	▼68.22	▼1.62%

法國巴黎	5235.26	▼125.84	▼2.35%
法蘭克福	11660.03	▼284.69	▼2.38%
富時時報金融	6582.37	▼123.06	▼1.84%

台灣加權	11321.81	▼193.01	▼1.68%
上海綜合	3034.510	▼37.170	▼1.21%
深圳綜合	1915.170	▼14.270	▼0.74%
富時海峽時報	2966.44	▼51.83	▼1.72%
恆生指數	26146.67	▼621.20	▼2.32%
香港國企	10456.93	▼271.14	▼2.53%

圖 3-4　美國股市打噴嚏，全世界金融市場重感冒，了解並學會操作美國指數期貨的重要性不言可喻。(資料來源 DQ2)

經濟數據導讀與分析：即時掌握事件交易的機會

經濟數據分析方式

　　要操作EM-S&P最重要的關鍵是**學會判讀美國經濟數據**。判讀經濟數據基礎第一步驟就是要了解**比較基期**。一般來說，經濟數據比較會因為基期不同，分為兩種比較方式：**與前期相比**，以及**與同期相比**（見圖3-5、3-6）。

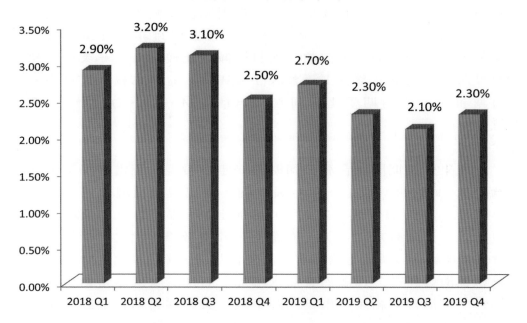

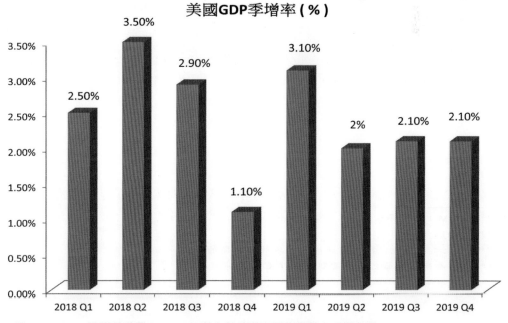

圖 3-5、3-6 同樣是美國 GDP,年增率與季增率變化趨勢有明顯差異。

要了解經濟數據表現優劣與否，最簡單的方式就是用最新公布數據和前一次公布數據相比。以市場關注焦點美國非農就業人口增減為例，美國非農每個月月初公布上個月非農就業人數增減，上個月的增減值再與前一個月增減值比較。用上一次公布結果當基期，此次數據與上次數據互相比較，這種比較方式稱為與同期相比。與前期相比的同義詞包括：MoM*、QoQ**、環比***。

如果你長期關注台灣公司財報一定會發現，正常情況下，台灣企業2月的月營收是一年中最差的，會出現這種現象主要是因為農曆年春節連假通常在2月，再加上2月的天數少，營收表現自然差（見圖3-7、3-8）。同樣的，經濟數據變化也會受到**季節性因素影響**，以美國零售銷售金額變化為例，黑色星期五****是美國傳統消費旺季，民間消費需求增加，有助於美國零售銷售金額提升，但消費季結束後市場回歸平淡，美國零售銷售金額可能會因此下滑（見圖3-9）。

---

*　　　MoM：月增率。

**　　QoQ：季增率。

***　環比：本次統計段與相連的上次統計段之間的比較。

****　美國感恩節之後的星期五的非正式名稱。

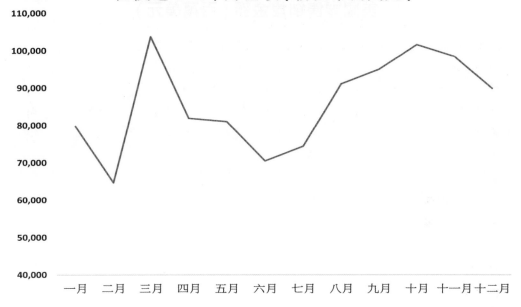

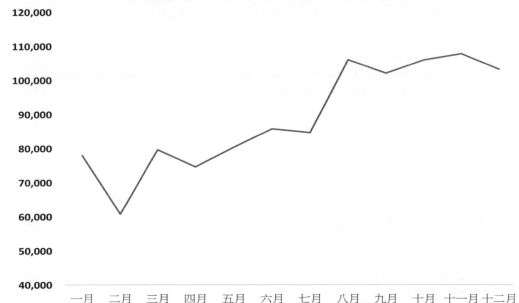

圖 3-7、3-8　通常每年的 2 月份受到農曆年春節連假與營業天數較短等等季節性因素影響，台積電 (TW.2330) 連續兩年 2 月月營收是當年最低，與前期相比 2 月營收絕對是衰退。

美國零售銷售金額（百萬美元）

圖 3-9　美國感恩節過後一直到跨年，是美國民間消費旺季，這段期間民間消費大增，因此
　　　　零售銷售金額提升，但消費季結束後，零售銷售金額隨即下滑，圖為 2018 與 2019
　　　　兩年度零售銷售金額，連續兩年峰值都落在 11 月、12 月兩個月。與前期相比 11
　　　　月、12 月兩個月零售銷售大多呈現正成長。

　　然而因美國零售銷售金額不是真的增加，消費旺季結束造成
美國零售銷售金額衰退也不見得是真的衰退（見圖 3-10、
3-11、3-12）。為了避免季節性變動造成數據解讀失真，分析
經濟數據變化時會調整基期，將同一經濟數據相同季節背景互相
比較，此一分析方式稱為同期相比，常見的同義辭：ＹｏＹ＊、同
比＊＊。

＊　　ＹｏＹ：年增率。
＊＊　同比：今年的某個階段與去年的相同階段的比較。

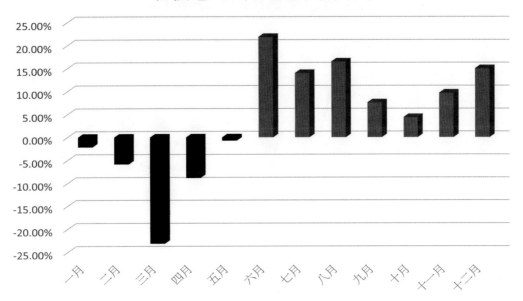

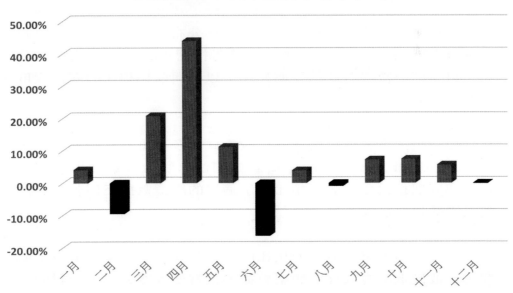

圖 3-10、3-11　換成月營收年增率，台積電 (TW.2330)2 月月營收年增率不見得是當年最低。

圖 3-12　美國零售銷售年增率，11 月、12 月兩個月不一定是當年度峰值正成長。

　　實務上，經濟數據包括：就業數據公布時與同期相比，以及與前期相比會一併公布。雖然與同期相比和與前期相比一併公布，但不同的數據對於與同期相比，以及與前期相比的關注程度有明顯差異。

　　一般情況下，就業數據的比較方式大多著重於與前期相比，除了就業數據外，常見的經濟數據關注焦點會著重在與前期相比。與同期相比和與前期相比除了適用的經濟數據不同外，對於盤勢影響也有很大差異。

　　關注焦點著重在與同期相比的經濟數據，對短線影響較不明顯，但波段走勢會依據這類型數據變化轉變多空方向。相對的，關注焦點著重在與前期相比的經濟數據，對於短線的影響較為明顯（見圖 3-13、3-14）。了解經濟數據分析方法與著重要點

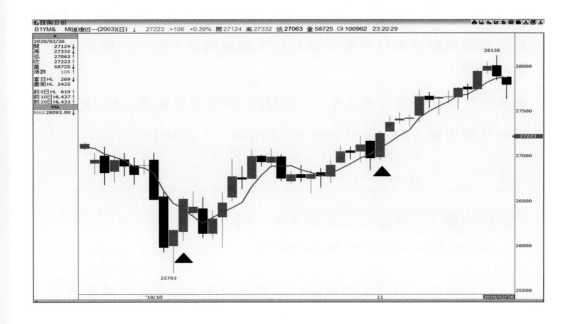

美國非農就業人數增減 (萬人)

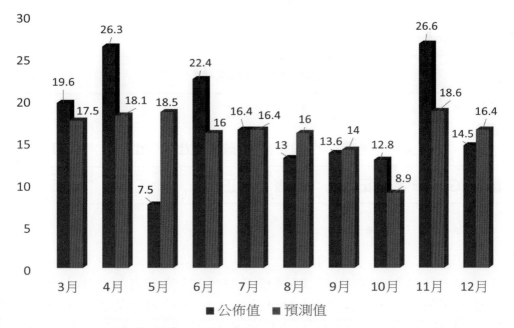

圖 3-13、3-14　非農就業人數著重於與前期相比，不只化解破底危機，還延續上攻走勢。
　　　　　　　(資料來源 DQ2)

後，有哪些經濟數據對美指容易產生關鍵轉折，是下一個必須掌握的課題。

兩大總經要素：國內生產毛額（GDP）與消費者物價指數（CPI）

國內生產毛額（Gross Domestic Product，GDP）：

$$GDP=C+I+G+(X-M)，或者$$
$$GDP=C+I+G+NX；$$

C-消費、I-投資、G-政府支出、(X-M)
或NX-出口減進口亦稱為淨出口。

反映的是一個國家或地區的經濟所生產出的全部最終產品和勞務的價值；簡單的說，國內生產毛額（GDP）數值呈現的是一國，或是一個地區過去一段時間的經濟概況（見表3-15）。

表 3-15　GDP 組成因子與相對影響

GDP=C+I+G+X-M					
因子	C	I	G	X	M
	消費	投資	政府支出	出口	進口
增加對GDP影響	正面	正面	正面	正面	負面

2008年因次貸風暴引發金融海嘯（見圖3-16、3-17），各國中央銀行（以下稱央行）為了挽救此一危機無不用盡心思，除了降息救市之外，還推出量化寬鬆政策(Quantitative easing，QE)。為何央行運用降息與量化寬鬆政策可以挽救經濟？不論是央行降息，讓錢由銀行向市場流動，或者灑錢購買資產，實施寬鬆貨幣政策，這兩項政策都有一個相同點：讓市場流動的資金增加，當市場流動的資金變多，消費者就有更多的錢消費，投資人因為游資增加，擴大投資規模。

放入國內生產毛額（GDP）的公式可以發現，降息與量化寬鬆政策(QE)讓C-消費與I-投資上升，正向因子增加，國內生產毛額會因此上升，這就是降息與實施寬鬆貨幣政策可以挽救經濟衰退的原因。

為了提高GDP因子改變經濟成長現況，所以創造非典型貨幣政策，GDP因子也因此造就了一場經貿戰。2017年開打的美中貿易戰有很大一部分原因，就是因為在於進出口不對等，美國對中國貿易逆差過大，因而美國實施關稅報復，中國也發動反制，使得美中之間的貿易於焉開戰。

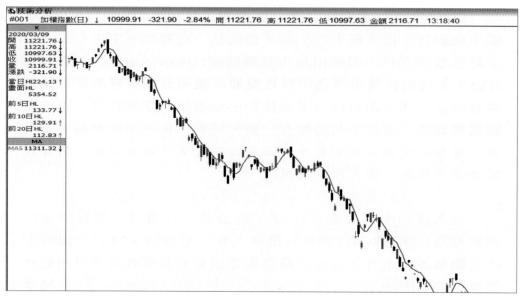

圖 3-16　2008 年金融海嘯，讓台灣加全指數從 9000 一路下殺致 4000。(資料來源 DQ2)

圖 3-17　金融海嘯一樣淹沒美國股市，迫使聯準會 (FED) 降息救市。　　(資料來源 DQ2)

　　中國加入ＷＴＯ後成為新一代世界工廠，中國製造商品出口至全世界的金額不斷提高，因此提升了中國ＧＤＰ成長率，中國ＧＤＰ成長率由原本7%，飆升至金融海嘯2017年14%。然而中國經濟成長大幅躍進的同時，智慧財產、匯率操縱、貿易逆差等問題卻日益嚴重，隨後中國在2015年政府工作報告中，提出《中國製造2025》，挑釁美國世界領導地位，最終成為美中貿易戰的導火線（見圖3-18、3-19）。

　　從美中貿易戰第一段協議的六項協議內容中觀察：
一、中國將擴大自美農產品、能源產品、工業製成品、服務產品進口，未來兩年的進口規模，要在2017年基數上增加不少於2000億美元。
二、雙方都要尊重對方貨幣政策自主權。雙方承諾不以價格競爭目的貶值本幣。

　　這兩項會直接影響出口變化。中國未來兩年的進口規模，要在2017年的基數上增加不少於2000億美元，無庸置疑的，會直接增加美國出口，進而提升美國ＧＤＰ。至於匯率不得以價格競爭目的貶值本幣，主要原因在於，本幣貶值時，出口商品自然出現降價效果，而商品降價自然會使市場競爭力提高，進而帶動出口量。人民幣貶值對中國出口有利，相對的，會使美國甚至於全世界出口受到傷害。

中國GDP年增率（%）

圖 3-18　中國加入 WTO 後，GDP 年增率快速上升。

美中貿易逆差 (百萬美元)

圖 3-19　美中貿易一直維持在逆價差。美中貿易戰開打有很大一部分原因在於中美貿易逆差無法收斂。

為了提升GDP，創造出一個新的貨幣政策，引發一場貿易戰爭，GDP重要性不言可喻，操作金融商品時，絕對要追蹤該數據變化趨勢。

經濟數據公布頻率有每星期、每月與每季；其中國內生產毛額（GDP）公布是以季為單位，第一季國內生產毛額會在第二季公布，第四季國內生產毛額在次年第一季公布，與同期相比為該數據主要呈現方式。

在美國，同一季的國內生產毛額會公布三次，一季結束後的第一個月公布前一季國內生產毛額初值，第二個月公布前一季國內生產毛額修正值，第三個月公布前一季國內生產毛額終值。換句話說，美國2018年Q4 GDP初值公布時間是2019年1月；2019年3月會公布美國2018年Q4 GDP最終值。

美國國內生產毛額（GDP）初值、修正值與終值公布時間都落在每個月最後一星期，值得留意的是，雖然三值為同一季國內生產毛額，但市場關注卻有明顯差異。一般而言，**修正值影響力大於初值，初值影響力大於終值**。由於GDP涵蓋的資料相當複雜，一季結束後只用一個月統計，時間略顯急促，除非初值特別慘淡或是特別亮眼，否則初值對盤勢影響不大。

此外，投資人等待修正值，因此對於初值的反應會比較冷漠。**修正值是經過整理後的數值，正確度提高，該值可以說是具有決定性**，既然有決定性，數值公布後，市場反應自然熱烈，尤其與初值差異很大時，反應更加劇烈。經過初值與修正值調整後，終值變動幅度不會太大。由於沒有太大變動，再加上市場對於終值結果早有預期，因此終值公布後對市場影響度相當有限（見表3-20）。

表 3-20　美國每一季 GDP 會公布三次，分別是初值、修正值與終值，三值對市場影響各有不同。

	公布時間	對市場影響
美國GDP初值	一季結束後第一個月	中
美國GDP修正值	一季結束後第二個月	高
美國GDP終值	一季結束後第三個月	低

消費者物價指數(Consumer Price Index，CPI)：這是反映與居民生活有關的產品及勞務價格統計出來的物價變動指標，各國計算消費者物價指數不盡相同，一般情況下，消費者物價指數每個月公布一次，每個月結束後，次一個月公布（見表3-21）。

表 3-21　消費者物價指數(CPI) 每個月公布一次，各國政府與央行寬鬆或緊縮重要依據。

	公布時間	公布樣式	對市場影響
消費者物價指數（CPI）	每月結束後次一個月月中夏令：20：30冬令：21：30	與同期相比與前期相比	著重與同期相比，利用此一數據判斷央行與政府動態寬鬆有利走升緊縮恐造成下跌

　　美國消費者物價指數（CPI）涵蓋了房屋支出、食品、交通、醫療、成衣、娛樂、其他等七大類商品的產品及勞務價格。為了降低氣候與季節性影響，會在扣除能源與食品兩項價格波動較大的商品後，與同期比較，扣除能源與食品兩項稱為核心消費者物價指數。不論是消費者物價指數或是核心消費者物價指數，都是用來衡量通貨膨脹的主要指標。

　　國內生產毛額（GDP）增長、消費者物價指數（CPI）穩定與就業充分都是社會經濟重要目標。然而從國內生產毛額增長與充分就業可以輕易了解其重要性，但消費者物價指數穩定卻鮮為人知。前段提到，GDP＝C＋I＋G＋(X－M)，一般情況下，C-消費占國內生產毛額比重最高，對C-消費增減影響最大，而且最為直接的就是消費者物價指數。舉例來說：原本一支筆15元，在消費者物價指數增長的影響下，從15元漲到18元，不需要任何政策，消費者買筆的金額在消費者物價指數推升下，自然走揚，消費提高國內生產毛額隨之增加。

　　雖然消費者物價指數（CPI）增加，有利於國內生產毛額（GDP）提升，但增幅過大對經濟反而會適得其反。消費者物

價指數增幅過大，會導致生產成本急速上揚，以及消費者購買力劇降，甚至會造成貨幣信心崩盤，對經濟成長產生負面影響。

消費者物價指數（CPI）過與不及，都會對經濟造成傷害，所以消費者物價指數力求穩定。量化寬鬆政策（QE）後期，各國央行將消費者物價指數低於但接近2%做為目標。**消費者物價指數超過3％為通貨膨脹，超過5％就是比較嚴重的通貨膨脹，低於0％則稱為通貨緊縮。**

為了穩定消費者物價指數（CPI），各國政府及央行對於消費者物價指數異常變動會有相對應政策，當消費者物價指數升幅過大，通膨已經成為經濟不穩定因素，此時會緊縮貨幣政策和財政政策做應對，常見的手段有：升息、緊縮銀根、採取穩健的財政政策，使得市場流通貨幣減少，貨幣價值提高，物價自然下滑。當各國政府及央行實施上述政策平抑物價時，通常會伴隨貨幣升值。

相反的，如果消費者物價指數（CPI）降幅過大，代表該國或地區的經濟活動降低，由於經濟活動降低，造成經濟增速(國內生產毛額增速)會受其拖累，此一情況也不是市場所樂見。當消費者物價指數降幅過大，該國或該地區央行會採取降息及寬鬆貨幣政策。降息及寬鬆貨幣政策使得在外流通的貨幣增加，貨幣供給增加伴隨而來的是貨幣貶值與物價上升。物價回穩，國內生產毛額（GDP）中，C-消費增加，經濟成長重回成長軌道。

國內生產毛額（GDP）與消費者物價指數（CPI）是總體經濟數據兩大要角，既然是總體經濟數據，兩數據分析焦點落在與去年同期相比。值得留意的是，在量化寬鬆（QE）後期，各國

央行貨幣政策傾向取決於消費者物價指數。消費者物價指數走升，市場預期央行緊縮回收資金，資金被收回，股市走跌；反之，消費者物價指數回弱，市場預期央行會實施量化寬鬆釋出資金，流通資金變多，股市走升。在量化寬鬆後期，消費者物價指數對市場影響力大於國內生產毛額。

就業數據不能忽略：非農就業數據與初領失業救濟金人數

非農就業數據：19世紀工業革命以後，人類的工作型態出現很大改變。在工業革命的引導下，農業為主的社會型態逐漸沒落，取而代之的，是以機械為主的工業社會。不只是農業被工業取代，隨著時間演進，工業社會融入服務業。不論是工業社會還是工業與服務業並存的社會，在經濟情勢正向發展的環境下，就業選擇會偏向工業或是服務業。

反之，經濟情勢萎縮衰退的情況下，只能回歸到最基本的務農維生，因此工業社會，或是工業與服務業並存的社會，會把「務農」視為失業。有時候在職場上會聽到「大不了辭職回家種田去」這種玩笑話，然而這句話玩笑話恰好證明在工業社會，或是工業與服務業並存的社會把「務農」視為失業。

美國是目前全球第一大經濟體，毫無疑問，同時也是一個工業與服務業並存的社會。既然如此，非農業就業人數增減情況就成為衡量美國經濟情勢與就業環境重要指標。美國非農就業人數增減每個月公布一次，在正常情況下(遇到休假、美國聯邦政府關門…等事件可能會延後公布)，當月第一個星期五公布上個月非農就業人數增減（見表3-22）。

表 3-22　非農就業人數數值越大，代表美國就業市場越活絡；但就業數據表現亮眼，有時
反而讓市場擔心升息與緊縮。

	公布時間	公布樣式	市場解讀
非農就業人數	每月結束後 次一月份第一個星期五 夏令 20：30 冬令 21：30	增減差額	增加值越大代表就業市場熱絡 需留意數值亮眼造成升息預期

　　值得留意的是，先前提到大部分的經濟數據與同期相比，以及與前期相比會同時公布，數據使用者再依照自己需求，將焦點放在與同期相比，或是與前期相比，但是非農就業人數增減只會公布與前期相比。原則上，該數值越大，代表美國就業市場熱絡，經濟情勢樂觀，對美股具有正面幫助。然而有原則就有例外，不同的環境下，該數值帶來的影響不盡相同。

　　先前提到，量化寬鬆(QE)與降息之所以能刺激經濟主要原因在於央行釋出貨幣，市場游資增加，消費與投資自然提高。相反的，量化寬鬆結束，低利率時代終結，游資減少，消費與投資會因此下滑，經濟櫥窗——**股市**將首當其衝。2014年美國聯邦準備理事會（聯準會，FED）結束量化寬鬆後，市場就開始擔憂聯準會持續緊縮終結低利率時代。

　　聯準會（FED）調整貨幣政策依循兩個關鍵性指標：一、**消費者物價指數(CPI)**，二、**就業環境**。討論就業環境，非農就業人數增減自然成為關注焦點。自從量化寬鬆（QE）結束後，市場一直擔心聯準會鷹派強勢緊縮，此一憂慮終於在2018年2月爆發。

　　2018年2月2日，美國勞動部公布2017年1月非農就業人數增減，公布結果增加23.9萬人，非農就業人數出現亮眼增幅，長期積累的疑慮終於失控潰堤，美股出現重挫，兩天之內下殺吞噬一個月漲幅，道瓊總跌幅超過2000點（見圖3-23）。

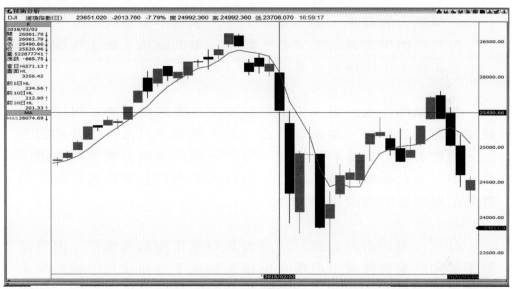

圖 2-23　2017 年 1 月美國非農就業數據表現亮眼，然而亮眼的就業數據，讓市場擔心
　　　　　FED 升息，收回市場資金，升息隱憂籠罩，數據公布後，美國道瓊兩天下跌
　　　　　2000 點。(資料來源 DQ2)

　　對於經濟數據公布要如何運用，一般投資人大多選擇以**減單**的粗暴分析方式──絕對數字增減做分析；數字亮眼積極追多，數字不如預期偏空操作。然而上述案例使用絕對數字增減做分析，如果不停損，恐怕遭受鉅額虧損。經濟數據公布應配合技術線型，以及前一節所提到的短線指標合併運用。

初領失業救濟金人數：討論就業數據一定會提到失業率，失業率
（Unemployment Rate）是指失業人口占勞動人口的比
率。然而在經濟學中，所謂失業是指在社會經濟中，勞動者
處於無工作狀態，這些人有工作能力，而且願意工作，卻沒
有工作，或是正在尋找工作。換句話說，如果一個人雖然符
合勞動力的標準，卻不願意工作，或是不去尋找工作，就不
符合經濟學定義的失業者。簡單一點的說法，想工作卻找不
到工作，才能稱為失業。

　　從失業的定義來看，失業率反映了企業聘僱情勢，可以藉此
窺探企業投資意願。在消費方面，低失業率不只可以提升消費力
道，消費者信心也會順勢提高；反之，高失業率會使消費力道因
此減弱，並且衝擊消費者信心。所以失業率是直接影響投資、消
費與消費信心的重要指標。

　　雖然失業率對於總體經濟分析具有舉足輕重的地位，但長期
追蹤美國就業數據可以發現，美國失業率不容易成為市場焦點。
美國失業率公布的時間，與前面提到的非農就業數據是同一時間
公布，每個月公布一次，在正常情況下(遇到休假、美國聯邦政
府關門…等事件可能會延後公布)，當月第一個星期五公布上個
月失業率，與非農就業數據公布時間相同。非農就業數據與失業
率一併公布後，市場分析就業情勢尤其是對於聯準會（FED）動
態預期，都是以非農就業數據為主，失業率成為陪襯指標（見表
3-14）。

表 3-24　初領失業救濟金人數可以用來預判失業率。

	公布時間	公布樣式	市場解讀
初領 失業救濟金人數	每週四晚上 夏令 20：30 冬令 21：30	累積人數	做為失業率預判 以四週移動平均做為長線判斷依據

　　會出現美國失業率乏人問津的主要原因，在於美國勞工部每星期公布一次美國初領失業救濟金人數。初領失業救濟金人數是美國就業的領先指標，這項數據率先反映美國就業狀況，如果整體數據位處低檔，顯示就業狀況穩定；反之，如果這項數據出現大幅上升，顯示就業市場疲弱、就業情況惡化。原則上，公布時間在台灣時間每星期四晚上20：30(冬令時間21：30)，公布內容為這個星期初領失業救濟金總人數。

　　分析美國初領失業救濟金人數有幾個重點指標需要格外留意。**初領失業救濟金人數一般會用30萬人作為基準**，如果初領失業救濟金人數超過30萬人以上，視為就業市場疲軟，對美指走揚不利；如果增加人數低於30萬人，表示就業數據強勁，有助於美指走揚。

　　除了觀察人數增減變化外，另一觀察重點則是取**移動平均線**觀察中長期增減趨勢。一般情況下，一個月通常會有3～4星期，因此市場習慣將每星期公布的初領失業救濟金人數增減變化取4週移動平均，藉由4週**移動平均線的走勢**，觀察美國就業市場變化情況（見圖3-25、3-26）。

美國初領失業救濟金人數 (人)

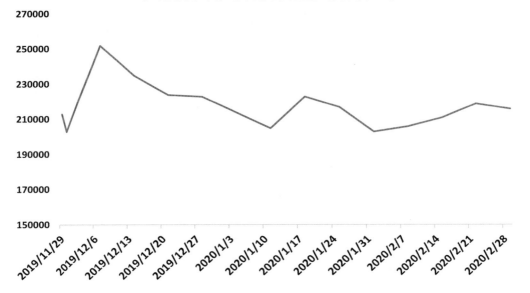

美國初領失業救濟金人數四週移動平均 (人)

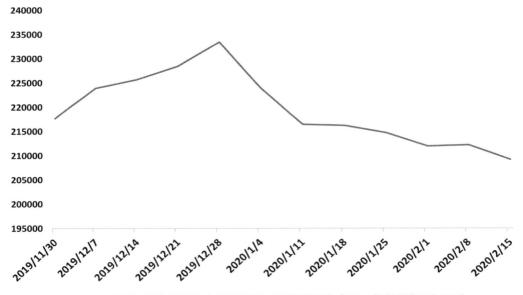

圖 3-25、3-26　美國初領失業救濟金人數經過 4 週移動平均處理，趨勢變化更加明確。

　　4週移動平均線往下探，代表美國就業市場強勁；反之，4週移動平均線走揚，代表美國就業數據疲軟。值得留意的，雖然官方公布的是總人數，但實務運用通常會加工把公布結果減除前一星期值，觀察與前期相比的增減變化。

　　由於初領失業救濟金先行揭露每星期失業人數的變化情況，連續4週的數據合併觀察可以大致了解失業率的變化情況。投資人利用初領失業救濟金先行分析失業率變化情況，失業率公布之前，市場早有準備，公布後對盤勢的影響力自然降低。

　　上述介紹的經濟與就業數據是操作美國指數時，必須重點留意的項目，然而美國經濟數據並不是只有上述四項。其他美國經濟數據像是：ISM製造、非製造業指數、新屋開工、營建許可、消費者信心指數……等，雖然這些數據影響力不如前列四項，不過公布後仍然會對美國指數走勢造成一定程度影響，每項經濟數據都需精準掌握公布時間，並留意風險控管。

交易機會與策略：同心圓價差策略

什麼是同心圓價差策略？

　　雖然國內生產毛額（GDP）是總體濟經最為重要的數據，但短線影響力卻是所有經濟數據中最不明顯。大多數經濟數據是每月公布一次，相對於每月公布的經濟數據，每季公布的國內生產毛額具有較多的參考資料，因為有較多的預判資料，國內生產毛額公布結果，市場大多有心理準備。而且不論是利多或是利空，大多在先前其他數據公布時反應，對短線影響有限。國內生產毛額公布時不宜採取追價策略，反而應該利用市場已先行反應，以及類股對總經數據反應不一的特性，採用同心圓價差進行布局。

　　一般而言，**權值股對於總體經濟變化較為敏感**。總體經濟表現亮眼，大型權值股在某一特定時間漲幅較大；反之，總體經濟轉弱，權值股在特定期間內會出現較大幅回檔。前段提到，市場會參考其他經濟數據推斷國內生產毛額（GDP）變化，所以對於國內生產毛額公布結果早已有心理準備。

　　由於市場早有定見，國內生產毛額公布後，反而容易出現利多出盡，或是利空出盡的反轉走勢。因此權值股受國內生產毛額影響，在特定時間內漲幅較大或跌幅較深，此一特定時間的終止點，通常會出現在國內生產毛額公布之後，此時短線表現不明顯，中長線趨勢改變，**同心圓價差策略**正是佈局的好時機。

　　做為佈局同心圓價差策略標的商品，必須具備下列必要條件：
一、以指數型商品為主，
二、兩個指數之間，具包覆性且高度相關，對同一事件或同一經濟數據會有相同反應。

　　也就是說，其中一個指數是大市場，另一個是前述大市場中的部分成分股編列的指數，舉例來說，加權指數與0050，加權指數是大市場，0050則是從加權指數中挑選市值前50大的股票編列的指數，除了具有包覆性外，兩指數間的相關性越高越好；在正常情況下，有高度相關，兩指數相除的比值不會有太大變化。

同心圓價差策略佈局邏輯

　　知道如何選擇策略標的商品後，接下來，要了解策略佈局邏輯。前段提到，適合佈局同心圓價差交易的兩對應商品，會對同

一事件，或是同一經濟數據有相同反應。在正常情況下，兩指數相除的比值不會有太大變化，換句話說，當兩對應商品相除，比值擴大時，顯示對應的兩商品出現超漲超跌，然而超漲超跌的特殊情況，理論上不會延續太久，比值最終會回到正常狀態，**從超漲、超跌到回復正常狀態，這段價差就是交易機會。**

要如何知道兩對應商品的比值是否在正常範圍？這時就要利用**布林通道**，布林通道是由一條移動平均線加、減標準差構成，以移動平均線為中心，加、減標準差。從統計學的觀點來看，布林通道就是藉由移動平均線取常態分配。以移動平均線為中心，加、減一倍標準差，具有68%的信賴區間；加、減兩倍標準差，具有95%的信賴區間；加、減三倍標準差，具有99%的信賴區間。

換句話說，以移動平均線為中心，
◎加、減三倍標準差所構成的布林通道，被突破的機率僅1%；
◎加、減兩倍標準差，通道被突破的機率僅5%；
◎加、減一倍標準差，通道被突破的機率僅32%。

從統計學的角度來看，不論取三倍、兩倍還是一倍標準差，突破通道區間的機率都不會超過40%，因此可以利用此一特性發現兩對應商品的比值是否在正常範圍內。綜合上述條件，兩個指數之間具包覆性，且高度相關的相除比值，可以利用布林通道衡量比值是否落在合理區間。

由於布林通道被突破的機率不高，當比值來到通道上、下緣時，通常會快速反轉，重回通道內。因此比值向上突破通道上緣，表示分子商品短線漲幅過大，或者分母商品漲幅不足，此時

應該偏空操作分子商品，同時多單買進分母商品，等待比值壓回重新回到通道，再進行反向沖銷。

　　相反的，當比值向下，跌破通道下緣，代表分子商品短線跌幅過大，或者分母商品漲幅不足後續恐補跌。在此一環境下，應該偏多買進分子商品，同時偏空佈局分母商品。等比值回升至通道內，平倉獲利了結。

　　本章一開始提到美國500大企業編列S＆P500指數，是從S＆P500中，取前30大，編列道瓊工業指數，也就是說，S＆P500指數包覆道瓊工業指數。此外，回測近十年道瓊與S＆P500相關係數高達99％，兩指數商品具有包覆性，而且走勢高度相關，S＆P500指數與道瓊工業指數兩項商品符合同心圓價差交易的要件（見圖3-27、表3-28、圖3-29）。

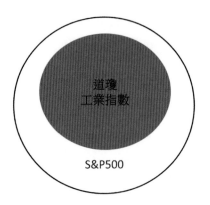

圖 3-27　回測近十年道瓊與 S&P500 相關係數高達 99％，兩指數商品具有包覆性，而且走勢高度相關，S&P500 指數與道瓊工業指數兩項商品符合同心圓價差交易的要件。

表 3-28　道瓊成份股佔S&P500權重大約30%，兩者相關係數約99%，兩指數明顯高度相關。

企業名稱	道瓊指數權重佔比	S&P500權重佔比	企業名稱	道瓊指數權重佔比	S&P500權重佔比	企業名稱	道瓊指數權重佔比	S&P500權重佔比
蘋果	7.75%	4.87%	開拓重工	3.62%	0.30%	默克	2.39%	0.91%
聯合健康集團	7.64%	1.11%	沃爾瑪	3.52%	0.75%	雷神技術	1.87%	0.40%
家得寶	5.83%	0.93%	IBM公司	3.51%	0.46%	Verizon通信	1.66%	1.04%
高盛	5.33%	0.24%	寶潔公司	3.32%	1.25%	英特爾	1.65%	1.12%
麥當勞	5.31%	0.58%	旅行者	3.17%	0.11%	可口可樂	1.42%	0.80%
VISA	5.02%	1.31%	迪士尼	3.02%	0.79%	沃爾格林	1.27%	0.14%
微軟	4.78%	5.50%	摩根大通	2.97%	1.29%	埃克森美孚	1.25%	0.81%
波音	4.39%	0.34%	美國運通	2.74%	0.27%	思科系統	1.19%	0.77%
3M	4.27%	0.37%	NIKE	2.51%	0.46%	陶氏	1.06%	0.11%
強生	4.08%	1.65%	雪佛龍	2.44%	0.71%	輝瑞	1.02%	0.84%
佔比總合	100%	30.23%						

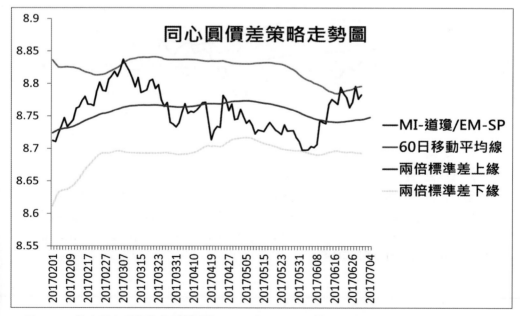

圖3-29　符合同心圓價差交易策略條件，並配合布林通道即可發現超漲超跌與交易契機。

實務操作時，**首先求出道瓊與Ｓ＆Ｐ５００比值**。一般來說，會用道瓊除Ｓ＆Ｐ５００求比值，主要是**避免小於１**，如果不考慮小於１這個問題，Ｓ＆Ｐ５００除道瓊的比值，與道瓊除Ｓ＆Ｐ５００皆可用於同心圓交易策略。

道瓊除Ｓ＆Ｐ５００的比值取６０日移動平均畫出６０日移動平均線，以６０日移動平均線為基礎加減兩倍標準差，畫出布林通道。接下來，觀察道瓊除Ｓ＆Ｐ５００的比值走勢變化，當道瓊除Ｓ＆Ｐ５００的比值走揚，來到布林通道上緣時，偏空佈局道瓊，同時買進Ｓ＆Ｐ５００，待比值重回通道，就獲利了結。反之，道瓊除Ｓ＆Ｐ５００的比值下殺，來到布林通道下緣，應偏多佈局道瓊，並賣出Ｓ＆Ｐ５００，等比值回到通道，就停利出場（見圖3-30）。

同心圓價差策略走勢圖

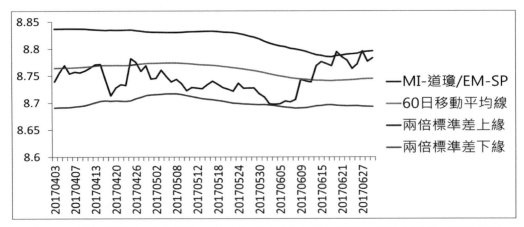

圖3-30　同心圓價差策略走勢圖，當MI-道瓊／EM-SP來到兩倍標準差上緣時，偏空MI-道瓊同時做多EM-SP。相反的，當MI-道瓊／EM-SP來到兩倍標準差下緣時，偏多MI-道瓊，同時做空EM-SP。

　　特別一提，除了國內生產毛額（GDP）公布可以使用同心圓價差交易外，美國超級財報週也可以留意道瓊除S&P500的比值變化。美國超級財報週每一季公布一次，超級財報公布後，對指數的影響與國內生產毛額有異曲同工之妙。此外，指數含成分股越少，單一個股對指數影響越大，表示財報公布後相除的比值越容易走向通道上下緣，利用同心圓價差交易的機會越多（見圖3-31）。

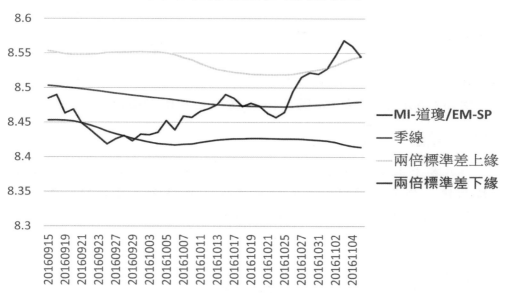

圖3-31　道瓊成分股比S&P500少，因此單一個股財報利多、利空對道瓊影響較大。然而單一個股對趨勢表現影響時間有限，價差突破布林通道上緣，僅兩個交易日隨即壓回。

實務案例：輕鬆算出損益

　　介紹完美國MI-道瓊期與EM-S＆P期貨商品特性、交易應注意數據及交易策略。接下來就是實戰損益計算。值得留意的，這一節除了介紹美國MI-道瓊期與EM-S＆P外，對於契約規格縮小1/10的微型美國MI-道瓊期與微型EM-S＆P也會一併介紹，不論資金大小都有機會參與行情。

◎MI-道瓊最小跳動點數1點，每1跳5美元(約新台幣150元)。

◎微型MI-道瓊最小跳動點數1點，每1跳0.5美元(約新台幣15元)。

◎EM-S＆P最小跳動點數0.25點，每1跳12.5美元(約新台幣375元)，1大點50美元(1大點約台幣1500元)。

◎微型EM-S＆P最小跳動點數0.25點，每1跳1.25美元(約新台幣37.5元)，1大點5美元(1大點約新台幣150元)。

MI-道瓊期貨空頭避險操作

　　A君手上持有大量美股，隨著道瓊不斷創新高，A君擔心行情反轉，於是利用MI-道瓊期貨進行空頭避險，賣出MI-道瓊期貨28,000點，待下跌至 27,500 點時，空單回補，獲利了結，此筆操作損益計算如下：

賣出價格：28,500

買進價格：27,500

損益：$(28,000-27,500)/1 \times 5 = 2,500$美元

此一避險交易獲利2,500美元，約新台幣75,000元。

MI-道瓊期貨空頭投機操作

　　美股位處高檔且市場大多認為FED會升息，A君認為行情會因為預期升息而反轉，於是利用MI-道瓊期貨進行空頭投機操作，賣出MI-道瓊期貨22,560點，待下跌至 22,344 點時，空單回補，獲利了結，此筆操作損益計算如下：

賣出價格：22,560

買進價格：22,344

損益：$(22,560-22,344)/1 \times 5 = 1,080$美元

此一投機交易獲利1,080美元，約新台幣32,400元。

MI-道瓊期貨多頭投機操作

　　A君認為疫情對美股的影響有限，趁美股急殺時買進MI-道瓊期貨，買進價格22,800，無奈行情不斷下探，MI-道瓊期貨下跌至22,500時，停損出場，此筆多頭投機交易損益情況如下：

賣出價格：22,500

買進價格：22,800

損益：$(22,500-22,800)/1 \times 5 = -1,500$美元

此一投機交易損失1,500美元，約新台幣45,000元。

微型MI-道瓊期貨空頭避險操作

　　A君手上持有大量美股，隨著道瓊不斷創新高，A君擔心行情反轉，於是利用微型MI-道瓊期貨進行空頭避險，賣出微型MI-道瓊期貨28,000點，待下跌至27,500點時，空單回補，獲利了結，此筆操作損益計算如下：

賣出價格：28,500

買進價格：27,500

損益：$(28,000-27,500)/1 \times 0.5 = 250$美元

此一避險交易獲利250美元，約新台幣7,500元。

微型**MI**-道瓊期貨空頭投機操作

　　美股位處高檔且市場大多認為FED會升息，A君認為行情會因為預期升息而反轉，於是利用微型MI-道瓊期貨進行空頭投機操作，賣出微型MI-道瓊期貨22,560點，待下跌至22,344點時，空單回補，獲利了結，此筆操作損益計算如下：

賣出價格：22,560

買進價格：22,344

損益：$(22,560 - 22,344)/1 \times 0.5 = 108$美元

此一投機交易獲利108美元，約新台幣3,240元。

微型**MI**-道瓊期貨多頭投機操作

　　A君認為疫情對美股的影響有限，趁美股急殺時買進微型MI-道瓊期貨買進價格 22,800，無奈行情不斷下探，微型MI-道瓊期貨下跌至22,500時，停損出場，此筆多頭投機交易損益情況如下：

賣出價格：22,500

買進價格：22,800

損益：$(22,500 - 22,800)/1 \times 0.5 = -150$美元

此一投機交易損失150美元，約新台幣4500元。

EM-S&P期貨空頭避險操作

　　A君手上持有大量美股，隨著道瓊不斷創新高，A君擔心行情反轉，於是利用EM-S&P期貨進行空頭避險，賣出EM-S&P期貨2660點，待下跌至2649.25點時，空單回補，獲利了結，此筆操作損益計算如下：

賣出價格：2660

買進價格：2649.25

損益：$(2660 - 2649.25)/0.25 \times 12.5 = 537.5$美元

此一投機交易獲利537.5美元，約新台幣16,125元。

EM-S&P期貨空頭投機操作

　　美股位處高檔且市場大多認為FED會升息，A君認為行情會因為預期升息而反轉，於是利用EM-S&P期貨進行空頭投機操作，賣出EM-S&P期貨2640.5點，待下跌至 2620.5 點時，空單回補，獲利了結，此筆操作損益計算如下：

賣出價格：2640.5

買進價格：2620.5

損益：$(2640.5 - 2620.5)/0.25 \times 12.5 = 1,000$美元

此一投機交易獲利1,000美元，約新台幣30,000元。

EM-S&P期貨多頭投機操作

　　A君認為疫情對美股的影響有限，趁美股急殺是買進EM-S&P期貨買進價格2408，無奈行情不斷下探，EM-S&P期貨下跌至2398.5時，停損出場，此筆多頭投機交易損益情況如下：

賣出價格：2398.5

買進價格：2408

損益：$(2398.5 - 2408)/0.25 \times 12.5 = -475$美元

此一投機交易損失475美元，約新台幣14,250元。

微型EM-S&P期貨空頭避險操作

　　A君手上持有大量美股，隨著道瓊不斷創新高，A君擔心行情反轉，於是利用微型EM-S&P期貨進行空頭避險，賣出微型EM-S&P期貨2660點，待下跌至2649.25點時，空單回補，獲利了結，此筆操作損益計算如下：

賣出價格：2660

買進價格：2649.25

損益：$(2660 - 2649.25)/0.25 \times 1.25 = 53.75$美元

此一投機交易獲利53.75美元，約新台幣1,612.5元。

微型EM-S&P期貨空頭投機操作

　　美股位處高檔且市場大多認為FED會升息，A君認為行情會因為預期升息而反轉，於是利用微型EM-S&P期貨進行空頭投機操作，賣出微型EM-S&P期貨2640.5點，待下跌至 2620.5 點時，空單回補，獲利了結，此筆操作損益計算如下：

賣出價格：2640.5

買進價格：2620.5

損益：$(2640.5 - 2620.5)/0.25 \times 1.25 = 100$美元

此一投機交易獲利100美元，約新台幣3,000元。

微型EM-S&P期貨多頭投機操作

　　A君認為疫情對美股的影響有限，趁美股急殺時買進微型EM-S&P期貨，買進價格 2408，無奈行情不斷下探，微型EM-S&P期貨下跌至2398.5時，停損出場，此筆多頭投機交易損益情況如下：

賣出價格：2398.5

買進價格：2408

損益：$(2398.5 - 2408)/0.25 \times 1.25 = -47.5$美元

此一投機交易損失47.5美元，約新台幣1,425元。

CH. **04**

外匯類——歐元

　　隨著國際貿易往來頻繁，使得企業的收入與支出不再侷限於本國貨幣，因此不同貨幣之間的匯率變化，成為影響企業營收的重要因子。換句話說，在不考慮其他因素時，貨幣貶值對以出口為導向的企業較為有利，但對以進口為導向的企業卻會造成負面影響，然而企業經營原本就應儘量避免受不確定因子干擾，所以為了降低匯率變化造成的影響，運用外匯期貨避險成為重要關鍵。

外匯期貨經典商品：歐元概況

　　國際貿易最常被用來交易的貨幣**首選是美元，歐元則列為第二選項**。然而受到歷史演變影響，在期貨市場中，美元與其他貨幣的區別—— 美元是以指數型態呈現，市場稱為**美元指數**；這項商品在紐約期貨交易所（ＮＹＢＯＴ）掛牌。由於美元指數不屬於外匯商品，因此筆者在這一章的外匯商品就介紹第二大交易貨幣—— 歐元（見圖4-1）。

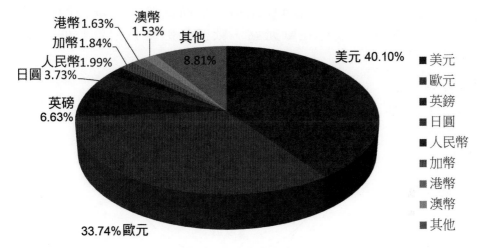

圖 4-1　2019 年國際支付排名，歐元第二名，佔比 33.74%。

　　提到歐元，一定要從歐洲聯盟（歐盟，European Union，EU）談起。1993年11月1日，以德國和法國為核心，成立歐洲聯盟（歐盟），目前共計有二十八個成員國（但英國於2017年3月29日啟動脫歐程序），也確立了二十八個會員國之間的政治與經濟為共同體，這使得歐盟一度成為世界第二大經濟實體。為了使這個多元一體的政經結盟更加牢固，歐盟成員國：奧地利、比利時、芬蘭、法國、德國、希臘、愛爾蘭、義大利、盧森堡、荷蘭、葡萄牙、斯洛維尼亞、西班牙、馬爾他、賽普勒斯、斯洛伐克、愛沙尼亞、拉脫維亞、立陶宛等十九個歐盟成員國於1999年推出共同貨幣──歐元，並且在2002年1月正式啟用，自此世界第二大使用貨幣誕生。

　　必須留意的是，雖然歐盟有二十八個成員國，但是以歐元為主要交易貨幣的只有十九個國家，因此為了區隔兩者之間差異，**以歐元為主要交易貨幣的歐盟成員國被稱「歐元區」。**經濟數據

公布同樣也會區分為歐盟與歐元區，然而歐元區是歐盟的蛋黃，所以市場焦點大多集中在歐元區，歐盟的影響力相對較低（見圖4-2）。

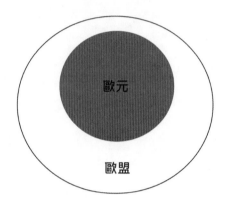

圖 4-2　歐盟與歐元區關係圖。歐盟成員國不一定以歐元做為主要交易貨幣，但以歐元做為主要交易貨幣的國家，一定是歐盟成員國。

事件交易機會──央行動態追蹤與經濟數據

匯率變化根源

貨幣走勢強弱大多取決於兩項要素：

一、該貨幣主要使用地區經濟情勢，

二、該貨幣主要使用地區利率變化與貨幣供給增減。

因此匯率交易應鎖定的關鍵時刻是：**經濟數據**與**可能造成利率變化的所有事件**。

一般情況下，貨幣主要使用地區經濟越活躍，該貨幣走勢越強勁。前一章提到，消費者物價指數GDP=C+I+G+(X-M)，當經濟成長上升時可能是C-消費、I-投資，或是G-政府支出增加，不論哪一個項目增加，這個地區主要交易貨幣需求都會提

高，需求增加了，價格自然上揚；反之，這個地區經濟表現不佳，會使得這個地區的主要交易貨幣需求下降，需求減少了，貨幣的價值自然下滑（見表4-3）。

表 4-3 經濟成長變化對貨幣需求與匯率走勢造成的影響。

GDP	貨幣需求	匯率
上升	增加	走揚
下跌	減少	走跌

除了**該地區經濟表現**外，**利率變化與貨幣供給增減**是另一個影響貨幣走勢的重要因素。利率高，表示儲蓄該地區貨幣可以獲得較高的利息，受此一誘因影響，投資人會拋售低利率貨幣，並將資金轉向，移往高利率的貨幣，藉此賺取利差，資金流動過程會推升高殖利率貨幣，同時壓低低殖利率貨幣，利率與匯率看似無關，實際上具有顯著的影響力（見表4-4）。

表 4-4 利率變化對貨幣需求與匯率變化產生的影響。

利率	貨幣需求	匯率
上升	增加	走揚
下跌	減少	走跌

至於貨幣供給增減對匯率的影響方式與供需變化，對商品價格造成的影響是相同的。當供給增加，需求減少時，商品價格下滑；反之，供給降低，需求增加時，商品價格走揚。同樣的，貨

幣在市場上流動的數量增加，匯率走跌；相反的，貨幣在市場上流動的數量減少，匯率走升（見表4-5）。

表 4-5　貨幣供給增減會直接影響匯率走勢。

貨幣供給	匯率
增加	走跌
減少	上升

　　調控地區經濟的方法有兩種：
一是財政政策，
二是貨幣政策。

財政政策

　　財政政策是指國家根據一定時期政治、經濟、社會發展的任務，規定財政工作的方向與原則，藉由財政支出與稅收政策來調節市場需求。增加政府支出、降低稅賦，可以提振需求、提升消費與投資意願，進而刺激經濟成長；反之，政府支出減少、提高稅賦、市場需求降低，消費與投資意願減弱，可藉此對過熱的經濟進行降溫。不論是政府支出變化或是稅賦增減，這些措施都是由政府掌控，因此財政政策為政府政策，主要影響政府收支。

貨幣政策

　　各國中央銀行大多是該國的貨幣主管機關（因此後續貨幣主管機關以中央銀行的簡稱央行代替），利用控制貨幣供應量達到影響其他經濟活動所採取的措施。主要手段包括：
一、調節基礎利率，

二、調節商業銀行保證金，

三、公開市場操作。

　　當經濟情勢過熱，通膨疑慮增加，央行會提高基礎利率(升息)、增加商業銀行保證金、賣出債券，利用上述方式將市場資金回收，市場游資減少，經濟熱度會降低；反之，經濟前景出現疑慮，通膨增幅轉弱，甚至面臨通縮，此時央行會降低基礎利率(降息)、減少商業銀行保證金、買回債券；這些政策可以增加市場貨幣流通，游資增加，會有機會為景氣加溫、增加通膨增幅。

　　分析貨幣政策、調控經濟體質的方式，可以發現貨幣政策是藉由利率變化與貨幣供給增減，至於貨幣政策的執行以央行為主。對照匯率影響因素，央行是影響匯率走勢的重要關鍵，央行會議是匯率操作者須特別留意的重要會議（見表4-6）。

表 4-6　央行調控經濟三措施，使用不同方式，對匯率也會造成不同影響。

央行調控經濟三措施		
	寬鬆	緊縮
調節基礎利率	調降	調升
調節商業銀行保證金	降低	提高
公開市場操作	買回債券	賣出債券
對該國貨幣影響		
匯率	下降	上升

　　除了上述影響貨幣的兩大因素之外，有些具有特殊功能的貨幣其升貶因素會更加複雜。一般來說，市場上常見的貨幣大多屬風險貨幣，當市場發生系統性風險時，風險性貨幣會大幅貶值。

　　然而不是所有貨幣都是風險貨幣，受到特殊的歷史背景與地理環境影響，當風險發生時，資金會流向該貨幣，導致該貨幣幣值上升，幣值會因系統性風險走升的貨幣通稱為**避險貨幣**，日圓就是這類型貨幣代表。**清楚認識貨幣屬性，且精準掌握央行動態與經濟數據，是操作匯率重要關鍵。**

歐元操作要領：歐洲中央銀行 (歐洲央行 European Central Bank，ECB)

　　操作匯率致勝三要素（見表4-7）：
一、貨幣屬性，
二、央行動態，
三、經濟數據變化。

表 4-7 貨幣屬性、央行動態與經濟數據變化，操作匯率絕對不能忽略。

外匯操作重要三要素		
貨幣種類	避險貨幣	風險貨幣
央行動態	寬鬆貨幣政策	緊縮貨幣政策
經濟數據	優異	衰退

　　歐元是多個國家主要交易貨幣，而且使用歐元的國家集中在歐洲大陸，位處於亞大陸，沒有像是日本這類海島型國家比較容易獨善其身的優勢；而在政治方面，由於是多個國家主要交易貨

幣，也無法像瑞士一樣保持永久中立，因此**歐元屬風險貨幣**；換句話說，當國際金融面臨系統性風險，歐元將會受其影響走貶。

　　了解歐元的貨幣屬性後，接下來要掌握央行動態。歐洲中央銀行成立於1998年6月1日，負責歐盟歐元區的金融及貨幣政策，是歐元區的中央銀行。歐洲中央銀行由其董事會負責管理，設有董事會主席，並設有理事會，理事會每隔一段時間會開會一次，每年多次會議，但每次會議的市場關注程度不盡相同，市場焦點會落在會議有利率決策，以及會後發佈會的這幾次會議。

　　央行可以藉由貨幣政策調控地區或國家經濟，所以由次級房屋信貸風暴引發的流動性危機，在2008年9月失控後，歐洲央行為了抵抗這一波金融海嘯，以及為了挽救歐元區衰退經濟危機，展開一連串寬鬆貨幣政策。歐洲央行在2008年10月會議降息兩碼（1碼＝0.25%），隨後的七次會議歐洲央行不斷降息，從2008年9月4.25%，一路下調至1%（見圖4-8）。

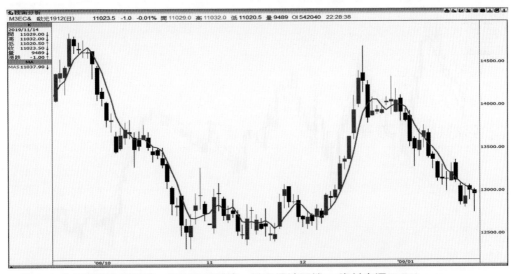

圖 4-8　為了因應金融海嘯，歐洲央行降息，歐元迅速回檔。(資料來源 DQ2)

　　雖然在2011年4月歐洲央行會議決議升息，但經濟成長依然不如預期，因此2011年11月重新進入降息循環，最終歐洲央行基準利率降息至0％，甚至存款利率降到負利率，2019年9月歐元區存款利率調降至-0.5％。

　　除此之外，當歐洲央行基準利率降至0％仍無法挽救經濟時，只有祭出公開市場操作。歐洲央行於2015年1月22日宣布總金額達1.1兆歐元的購債計畫。自2015年3月開始，每月收購600億歐元資產，購買的資產包括：各會員國公債、資產擔保證券(ABS)及擔保債券(Covered Bond)。

　　在一連串貨幣政策加溫下，歐元區度過了金融海嘯與接下來的歐債危機，並且創造了2017年與2018年連續兩年爆發性的經濟成長。相對的，歐洲央行實施降息與寬鬆貨幣政策（QE）為市場注入大量歐元，雖然挽救了經濟，但同時造成歐元波段貶值（見圖4-9）。

圖 4-9　降息降至負利率再加上 QE 寬鬆貨幣政策，歐元一路下探。(資料來源 DQ2)

◎2008年降息後，歐元半年內從1歐元兌1.5988美元高點，迅速
　下跌到1歐元兌1.2326美元，貶值幅度高達23%。

◎2008年至2015年年底，歐元兌美元從1歐元兌1.5988美元，
　下跌至1歐元兌1.0886美元，貶值幅度高達32.5%。

　　對比2008年至2019年歐洲央行動態與歐元走勢，歐元走勢
確實受到歐洲央行政策影響。由於歐洲央行動態對歐元走勢具有
顯著影響力，因此掌握歐洲央行動態不應只是狹義鎖定利率變
化。雖然歐洲央行會議不是每次都有利率決策及會後發佈會，但
只要有，就會成為市場焦點，這類行為的會議通常會公布：
一、是否調整利率與寬鬆貨幣政策，
二、前瞻指引，
三、預期經濟成長與通膨變化。

　　說明完歐洲央行會議調整利率與寬鬆貨幣政策對歐元的影響
後，接著要探討對歐元造成走勢影響的前瞻指引、預期經濟成
長，以及通膨變化。

　　前瞻指引是非常規貨幣政策，央行藉由對外說明、央行官員講話⋯⋯等方式，引導市場對未來利率的預期，使市場預期與央行目標預期靠攏。舉例來說，歐洲央行2019年7月的會議上並沒有調整利率，但會後的前瞻指引將前一次會議的前瞻指引「至2020年上半年都維持基準利率於當前水準」改為「至2020年上半年都維持基準利率於當前或更低水準」，前瞻指引加入「**更低**」兩字，市場立刻嗅出歐洲央行即將降息的可能性，而歐洲央行如市場預期的，在2019年9月會議決議降息。

　　換句話說，歐洲央行於7月會議修改前瞻指引，市場預期降息，歐元十五天內從1歐元兌1.17465美元，下跌至1歐元兌1.13725美元，貶值幅度達3.3%（見圖4-10）。

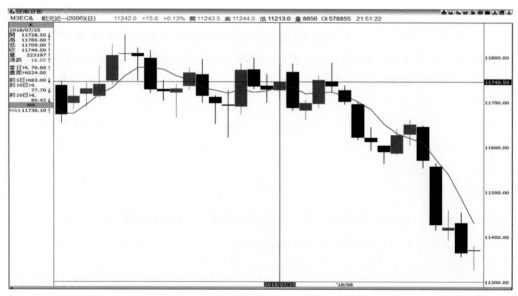

圖 4-10　雖然歐洲央行會議決議利率維持不變，但前瞻指引轉變偏向寬鬆，歐元依舊貶值。(資料來源 DQ2)

　　貨幣政策動態由央行掌控，因此央行對經濟前景的預期可以解讀央行貨幣政策調整方向，對於匯率趨勢變化具有一定程度的影響力。央行除了是否調整利率與前瞻指引外，會議之後會公布經濟成長與通膨預期，公布內容通常以**年**為單位，分別預估當年與接續兩年度經濟成長與通膨預期。

　　例如：歐洲央行**2019年3月會議**將2019年年度經濟成長率從1.6%下調至1.2%，同時將2020年及2021年預測也各由原先預期1.7%及1.8%，分別下調至1.5%及1.6%。**2019年9月會議**，歐洲央行維持2019年度經濟成長率1.2 %不變，卻持續下調2020年及2021年經濟成長率，將2020年及2021年兩度經濟成長率下調至1.4%。歐洲央行下調兩次經濟成長預期後，在9月會議宣告歐元區存款利率由-0.4%調降至-0.5%。

　　雖然歐洲央行一年召開多次會議，而且不是每次會議都會有利率決策及會後發布會，但只要歐洲央行會議有利率決策及會後發布，就一定會對歐元走勢造成影響。尤其是調整利率、實施貨幣寬鬆政策（QE）這兩項政策，會直接干預流通在市場上的貨幣數量；而前瞻指引與經濟成長與通膨預期引導市場風向，進而造成匯率波動，換言之，歐洲央行調控經濟政策對歐元都會造成直接或間接影響。

 歐元操作要領：經濟數據（採購經理人指數 Purchasing Managers' Index，PMI）

　　之前介紹指數期貨商品時，曾提到操作指數型期貨必須關注兩項必看經濟數據：國內生產毛額(GDP)與消費者物價指數(CPI)。操作歐元時，依然不能忽略這兩項經濟數據，而且不只

是上述兩項經濟需要重點留意，有歐元區產業體檢表之稱的**歐元區採購經理人指數**（PMI）對歐元短線走勢影響力更勝於國內生產毛額與消費者物價指數，所以投資人操作歐元時，需特別留意歐元區採購經理人指數變化情況。

採購經理人指數是衡量製造業在生產、新訂單、商品價格、存貨、雇員、訂單交貨、新出口訂單和進口等狀況；也是國際上通行的總體經濟監測指標體系之一，對國家經濟活動的監測和預測具有重要作用，是領先指標中一項重要數據。採購經理指數涵蓋了生產與流通、製造業與非製造業等領域，因此歐元區採購經理人指數主要分為：**製造業採購經理人指數、服務業採購經理人指數與綜合採購經理人指數**。

值得留意的是，歐元區採購經理人指數有一項較為特殊的地方；大部分經濟數據是由官方組織公布，但**歐元區採購經理人指數卻是委託民間機構IHS Markit公布**。IHS Markit成立於2014年1月，總部設於英國倫敦，是全球知名的經濟預測及商業諮詢機構，提供綜合性的各國、各區域與各產業的經濟、金融與政治報導，每月定期提供付費會員經濟預測報告，內容涵蓋全球與各國實質國內生產毛額、商品進出口、物價指數與失業率等重要經濟指標，其定期更新的全球與區域展望報告相當受到各界所重視。

歐元區採購經理人指數也是委由IHS Markit發布。歐元區採購經理人指數發布時，通常會寫IHS歐元區製造業採購經理人指數、IHS歐元區服務業業採購經理人指數、IHS歐元區綜合採購經理人指數。

數據解讀重點

按照國際上通用的做法，採購經理人指數由五個擴散指數，即：新訂單指數（簡稱訂單）、生產指數（簡稱生產）、從業人員指數（簡稱雇員）、供應商配送時間指數（簡稱配送）、主要原材料庫存指數（簡稱存貨）加權而成。計算公式大致如下：

採購經理人指數（PMI）＝訂單權重×30%＋產品生產權重 ×25%＋就業情況權重×20%＋廠商表現權重×15%＋存貨權重比例 ×10%。

數據解讀有三個重點：

一、**公布出來的數字大小**。數字越大，代表該產業情勢越樂觀；反之，數字越小，代表經濟前景不理想。

二、**榮枯水位線**。採購經理人指數以50為基準線，當指數落在50以下，代表產業陷入萎縮，經濟前景不樂觀。如果公布結果在50以上，顯示產業呈現擴張狀態，為經濟前景加溫。

三、**比較方式**。採購經理人指數每一個月公布一次，與其他經濟數據相同，分析比較方法有兩種：與去年同期相比，以及與前期相比。

必須注意的是，**採購經理人指數著重與前期相比**。舉例來說，公布結果同樣落在50以上，投資人會注意到數值是由上個月55下降至52，或是由上個月50上升至55。如果數值是下降，代表產業持續擴張但擴張力道減緩，經濟前景不樂觀；如果數值是上升，則顯示產業擴張態勢不變，而且擴張力道增強，經濟持續加溫前景相對樂觀。

　　同理，若是公布結果落同樣落在50以下，但市場投資人悲觀程度卻有差異，因為數值是由上個月44回升至48，雖然產業仍無法脫離萎縮泥沼，但情勢卻有所改善；與數值由上個月48持續滑落至44相比，悲觀氣氛相對和緩（見表4-11）。

表 4-11　PMI 象徵意義與解讀方式

數據	象徵	榮枯水位線	比較方式
製造業PMI	工業與出口	50	與前期相比 數字越大越好
服務業PMI	服務業與內需		
綜合PMI	區域內經濟活動		

不同產業顯示不同的市場趨向

　　先前提到歐元區採購經理人指數分為IHS歐元區製造業採購經理人指數、IHS歐元區服務業業採購經理人指數、IHS歐元區綜合採購經理人指數。**三種不同產業公布時間不盡相同**，每個月第一個工作日台灣時間下午16：00(冬令時間加1小時下午17：00)公布上個月IHS歐元區製造業採購經理人指數。每個月第二個工作日台灣時間下午16：00(冬令時間加1小時下午17：00)公布上個月IHS歐元區服務業業採購經理人指數、IHS歐元區綜合採購經理人指數。

　　除了公布時間不同，不同產業也代表不一樣的市場趨向：
IHS歐元區製造業採購經理人指數：主要是記錄與分析歐元區製造業前景，該數值增減代表歐元區出口外銷強弱變化。

IHS歐元區服務業採購經理人指數：是記錄歐元區服務業產業情
　勢，該數值主要顯示歐元區內需需求變化。
IHS歐元區綜合採購經理人指數：是歐元區內需外銷綜合考評，
　以更加宏觀的角度觀察歐元區經濟前景。

　　特別值得注意的是，歐元區是由十九個國家組成，所以會員
國經濟表現對於歐元區全區經濟數據變化會產生程度不一的影
響。會員國經濟規模越大，對歐元區經濟數據變化的影響力越明
顯。歐元區前三大經濟體**德國**、**法國**、**義大利**的經濟情勢變化，
對於歐元區全區經濟影響不容小覷。操作歐元除了注意全區經濟
數據外，德國、法國、義大利的經濟情勢必須要同步留意。

相關性運用：看美元做歐元

　　前幾段提到操作歐元須留意歐洲央行會議與歐元區經濟數
據，因為這兩項因素會對歐元走勢造成直接明顯的影響，然而在
國際金融的大環境下，不只是直接影響需要注意，高相關性商品
造成的連動影響同樣需要留意。

　　在本章一開始提到，美元是以指數型態呈現，因此不算外匯
商品，以此類推，既然美元以指數型呈現，就一定會有組成成
分，美元指數由六種貨幣組成，其成分為：歐元57.6%、日圓
13.6%、英鎊11.9%、加幣9.1%、瑞典克朗4.2%、瑞士法郎
3.6%。需要留意的是，雖然美元指數看似與常見指數商品相
同，**但美元指數成分貨幣走勢與美元指數漲跌連動關係，與常見
指數商品完全相反。**

　　一般情況下，指數走高對應的指數成分會因此走揚，然而美元指數走勢與成分貨幣表現呈現反向變動；當美元指數走漲時，成分貨幣反而會弱勢走跌；相反的，美元指數走弱，成分貨幣會震盪走高，而且比重越高，負相關表現越明顯。因此美國聯準會（FED）對美元指數造成的影響，同樣也會牽動歐元表現（見圖4-12）。

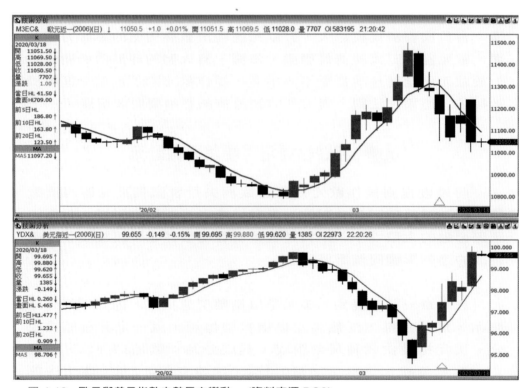

圖 4-12　歐元與美元指數走勢反向變動。(資料來源 DQ2)

　　從2007年開始回測，一直測到2017年，這十年間，美元指數與歐元相關性為-0.98。這回測結果說明，當美元指數上漲，歐元有98%的機會走弱下跌；反之，美元指數走弱，歐元有

98% 的機率向上走揚。由於美元指數與歐元有顯著負相關，利
用美元指數操作歐元，成為布局歐元重要技巧（見表4-13）。

表 4-13　經過大數據回測，歐元與美元指數負相關高達 98%。

年份	歐元期	黃金期	原油期
2007	-0.9953	-0.9247	-0.9718
2008	-0.9917	-0.8327	-0.8573
2009	-0.9930	-0.7510	-0.9302
2010	-0.9418	-0.2139	-0.5530
2011	-0.9831	-0.1504	-0.3000
2012	-0.9646	-0.7268	-0.5637
2013	-0.8815	-0.0773	-0.0707
2014	-0.9888	-0.8504	-0.9343
2015	-0.9734	-0.6383	-0.3759
2016	-0.9845	-0.6200	0.0725
2017	-0.9961	-0.7441	0.2269
總共	-0.9818	-0.5888	-0.8296

 ## 佛心：美國聯邦準備理事會(FED)　貨幣政策動態提前告知

　　央行利用對外說明、央行官員講話……等方式，引導市場對
未來利率的預期，使市場預期與央行目標預期靠攏，進而增加貨
幣政策功效，這種調控市場的方式稱為**前瞻指引**，是各國央行包
括美國聯準會普遍使用的非常規貨幣政策。

美國聯邦準備理事會點陣圖 (FED Dot Plot)

　　美國聯準會每隔六星期召開一次會議、每逢季月(三、六、九、十二月)聯邦公開市場委員會（FOMC）會召開會議，以擬定貨幣政策。為降低不確定性、提高政策透明度，並與金融市場充分溝通。從2012年開始，提供官員政策利率預估中位數，2013年更於每季彙整統計七位正副主席及理事、十二位各地區聯準會分行總裁，共計十九位與會者在當次會議對經濟成長、通膨展望，以及後續短中長期政策利率預估點陣圖，形塑了利率前瞻指引的框架，更成為金融市場解讀揣測聯準會貨幣政策動向的重要依據。

　　解讀分析聯準會點陣圖(FED Dot Plot)必須先了解下列重點（見圖4-14）：

一、利率點陣圖只是聯準會十九位與會官員對於未來經濟情勢評估，並依此各自做出預估未來合理的利率水平。既然是預估就有修正調整的可能，美國第14任聯準會理事會主席柏南奇曾為聯準會點陣圖做註解，柏南奇表示：「所謂聯準會點陣圖非預設政策絕對路徑，更非官員對市場的升降息承諾。」

例如：2018年年底，聯準會點陣圖顯示：聯準會十九位與會官員預期2019年應該會升息2次。然而隨著美中貿易戰不斷升溫，全球經濟景氣因此出現衰退危機，美國聯準會意識到事態嚴重性，不僅沒有依計畫實施升息，甚至實施預防式降息，以避免經濟情勢更加惡化。由此可見央行貨幣政策的因時因勢制宜，如果只一味的恪守利率前瞻，而忽略實際總體經濟及金融市場變化推移，分析結果恐怕會出現嚴重錯誤。

二、聯準會（FED）每次貨幣政策制定，都是由上述含正副主席在內的七位永久投票權理事，加上一位紐約聯準會分行總裁，另外從十一位地區聯準會分行總裁中，每年取四位輪值委員投票。換句話說，利率點陣圖的19個點實際上只有12個是屬該年度貨幣政策擬定者，所以判讀點陣圖中的各點可能代表的官員，以及其所屬鷹派、鴿派政策立場，與是否具貨幣政策擬定權，才能對利率短、中期輪廓有更準確深入的認知。

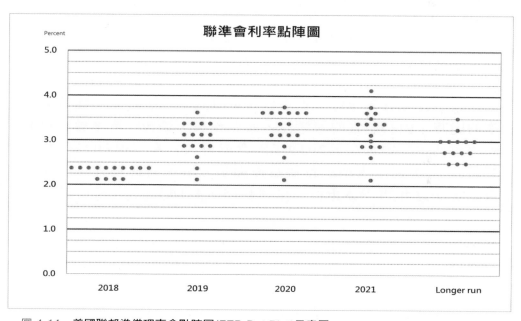

圖 4-14　美國聯邦準備理事會點陣圖(FED Dot Plot)示意圖。

　　聯準會點陣圖（FED Dot Plot)公布時，**關注焦點在於各利率預估點的集中或發散、分佈區間及政策轉換時機。**由於利率預估點來自於聯準會（FED）各官員對經濟通膨情勢判讀觀點差異，因此各點分佈越集中，代表官員對政策利率動向較具共識，且較為明朗；反之，各利率預估點發散，將增添鷹、鴿兩派官員間的決策難度，也增添政策的模糊不確定性。此外，從分佈區間、政策轉換時機可以觀察此輪升、降息的快慢步調、最終利率水準，以及可能的升、降息循環結束時點。

　　以2018年12月的利率點陣圖為例，聯準會（FED）官員認為2019年可能的政策利率預估分佈區間為2.6%至3.1%、預估利率中位數為2.9%，意味將再升息兩碼；相較去年9月時預估利率區間2.9%至3.4%、預估利率中位數3.1%，再升息三碼都有所下調，顯示升息更為謹慎、步調放緩更具耐心。也呼應上述政策利率的因時、因勢制宜的靈活性，而非預設。最後，聯準會官員的利率預估中位數仍高於2019年隱含或再次升息，但2021年將維持於2020年利率水準，預估路徑顯示：聯準會此輪升息循環，可能在2020年畫下休止符（見圖4-15、4-16）。

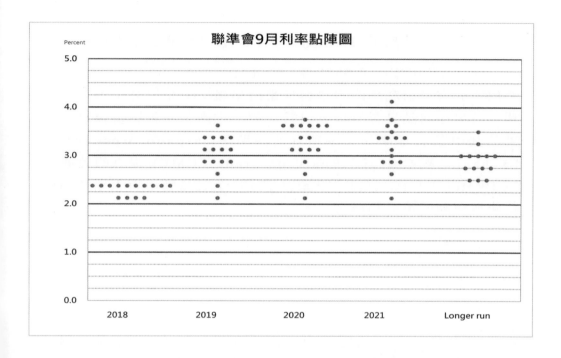

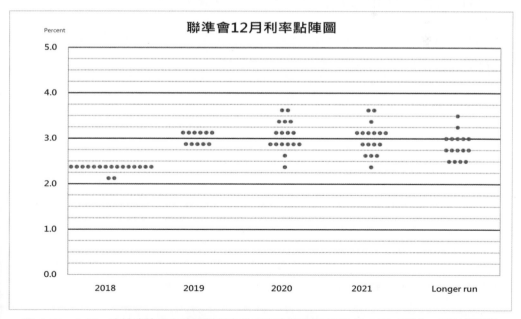

圖 4-15、4-16 比較連續兩次美國聯邦準備理事會點陣圖(FED Dot Plot)變化，可以發現聯
準會(FED)轉趨寬鬆。

芝加哥商品交易所FedWatch工具 (CME FedWatch Tools)

除了利用聯準會點陣圖(Fed Dot Plot) 預判聯準會（FED）官員對利率的看法與貨幣政策後續變化之外；市場也會利用衍生性商品具有價格發現的功能，推斷聯準會在會後可能結果。其中芝加哥商品交易所 (芝商所，Chicago Mercantile Exchange & Chicago Board of Trade，CME) 提供的芝商所FedWatch工具(CME FedWatch Tools) 就是利用衍生性商品推斷聯準會動態重要利器之一。

芝商所FedWatch工具分析聯邦公開市場委員會（FOMC）未來會議調整利率的可能性。利用三十天聯邦基金期貨定價資料＊，以圖表方式呈現各聯邦公開市場委員會特定會議日期、調息結果當前及歷史機率。此外，芝商所FedWatch工具(CME FedWatch Tools)會隨時間推移，對聯準會目標利率做預測，以最即時的方式推算升、降息機率（見圖4-17）。

＊　長期被視為市場對美國貨幣政策調整可能性看法的指標。

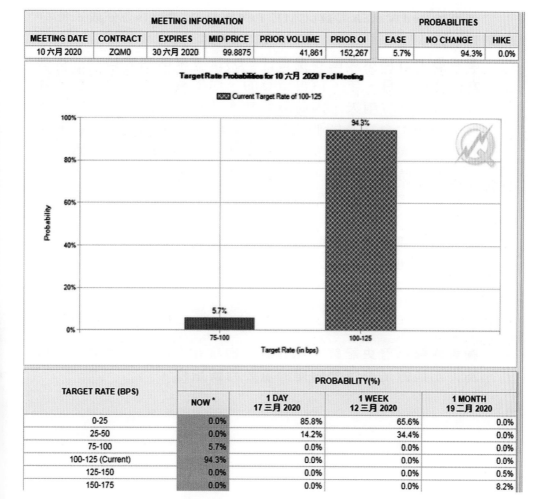

MEETING INFORMATION						PROBABILITIES		
MEETING DATE	CONTRACT	EXPIRES	MID PRICE	PRIOR VOLUME	PRIOR OI	EASE	NO CHANGE	HIKE
10 六月 2020	ZQM0	30 六月 2020	99.8875	41,861	152,267	5.7%	94.3%	0.0%

TARGET RATE (BPS)	PROBABILITY(%)			
	NOW *	1 DAY 17 三月 2020	1 WEEK 12 三月 2020	1 MONTH 19 二月 2020
0-25	0.0%	85.8%	65.6%	0.0%
25-50	0.0%	14.2%	34.4%	0.0%
75-100	5.7%	0.0%	0.0%	0.0%
100-125 (Current)	94.3%	0.0%	0.0%	0.0%
125-150	0.0%	0.0%	0.0%	0.5%
150-175	0.0%	0.0%	0.0%	8.2%

圖 4-17 利用芝加哥商品交易所（CME）提供的芝加哥商品交易所 FedWatch 工具(CME FedWatch Tools)可以判斷美國聯準會(FED)降息的可能性。
(資料來源芝加哥商品交易所)

芝商所FedWatch工具(CME FedWatch Tools)分成三部分（見圖4-18）：

一、**圖表最上方標示美國聯準會(FED)接下來的開會日期，排列方式為日、月、年。**值得留意的，聯準會召開利率決策會議每次會議歷時兩天，因此最新利率公布時間為表定時間次一日，例如：會議時間假設是2019年10月30日，最新利率、前瞻指引與經濟前景預測，會在2019年10月31日公布。在夏令節約時間的環境下，台灣時間表訂日期次日凌晨2：00公布，冬令時間則延後一小時公布。

二、**圖表中間部分是揭露降息、維持不變與升息機率。**圖表做標軸橫軸為利率，縱軸為升、降息機率，以百分比方式呈現。圖表的長條圖以網狀與實體方式兩種呈現。網狀長條圖代表現行利率，實體長條則代表升息或降息。

三、**圖表底部為歷史記錄。**比對過去與現在升降息機率變化，做為美元指數是否趨勢轉變的重要判斷指標。

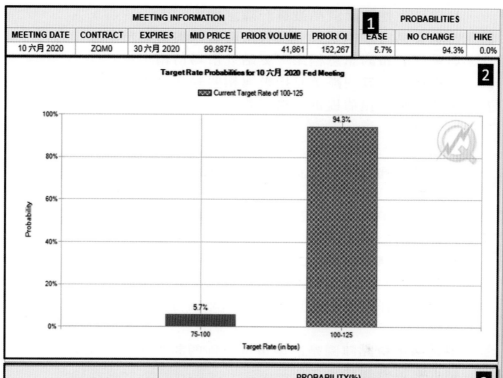

圖 4-18　芝加哥商品交易所 FedWatch 工具(CME FedWatch Tools)分三個區，會議時間、利率變動機率與過去歷史紀錄。(資料來源 CME 交易所)

聯準會點陣圖與芝商所FedWatch工具的優缺點

芝商所FedWatch工具(CME FedWatch Tools)與聯準會點陣圖(FED Dot Plot)相互比較，**芝商所FedWatch工具的特色：**

一、利用衍生性金融商品推算升降息機率，

二、市場交易出來的結果，代表市場氣氛與市場預期，

三、與央行公布的訊息相比，更貼近市場情緒，

四、能夠更加正確判斷美元指數與相關動商品趨勢表現，

五、對於升降息預估提供即時更新。

　　但是芝商所FedWatch工具並非所有行情皆可適用：

一、受限於公布內容，芝商所FedWatch工具對於中長線趨勢不
　　易發掘，

二、芝商所FedWatch工具是依循市場交易，預測升降息可能。

聯準會點陣圖(FED Dot Plot) 的特色：

一、一季更新一次，更新速度無法滿足多變行情，

二、對短線操作而言，使用聯準會點陣圖行情分析會明顯落後市
　　場變化，

三、但是聯準會點陣圖是決策單位公佈的訊息，分析結果會更加
　　貼近決策者想法。

相互連結與運用

　　上一節花了大部分篇幅介紹美元指數與預判聯準會(FED)動
態的工具，接下來，要利用美元指數與歐元之間的關係，同時配
合預判聯準會動態的工具，將三者連結，藉由此一方法發掘歐元
行情。

　　雖然美元指數是以指數型態呈現，不過美元終究是貨幣，即
使是美元指數，這項商品走勢依舊與一般貨幣走勢相同。當美元
供給量增加但需求不變，甚至出現需求減少，美元指數弱勢壓
回；反之，當美元需求量增加但供給不變，甚至出現供給減少，
美元指數將向上走高，然而能控制美元供給量首推美國聯準會

（FED）。聯準會可以藉由升息減少美元供給，降低通膨過熱的風險；當經濟衰退或是經濟前景不樂觀時，聯準會利用降息，增加美元供給，提振經濟情勢。

如果經濟情勢未見好轉，聯準會（FED）還可以實施量化寬鬆政策（QE）從市場購入資產，投放更多美元進入市場。當聯準會利用升息降溫過熱通膨時，美元可能因此走高。利用降息與量化寬鬆方式刺激經濟，可能會造成美元走軟。要掌握聯準會動態，進而了解美元表現，就必須利用與聯準會點陣圖(Fed Dot Plot)與芝商所 FedWatch工具(CME FedWatch Tools)。

實務上，聯準會升降息機率變化比較常出現在下列時段：
一、美國重要經濟數據公布。
二、聯準會會議結束後。

在第三章介紹美國指數操作要領時，提到美國重要經濟數據與美國重要就業數據，經濟數據方面，國內生產毛額(GDP)與消費者物價指數(CPI)，就業數據則需要特別留意非農就業數據。由於芝商所FedWatch工具對於聯準會升降息機率即時更新，因此當經濟數據公布後，機率隨即做調整。在數據公布後，升息機率增加，美元指數容易走升，相反的，數據公布後，降息機率升高，美元指數容易回弱。

至於聯準會（FED）開會結果需要留意聯準會點陣圖(Fed Dot Plot)，聯準會點陣圖對美元指數走勢影響分兩階段：
第一階段：圖表公布當下，由於聯準會點陣圖揭露聯準會官員最新想法，對於美元指數短線走勢造成衝擊，尤其是出現利率政策轉折時，盤勢波動會更加劇烈（見圖4-19、4-20）。
第二階段：新公布的聯準會點陣圖會持續帶給美元指數壓力或支撐，一直到下次公布才有機會出現轉變（見圖4-21、4-22）。

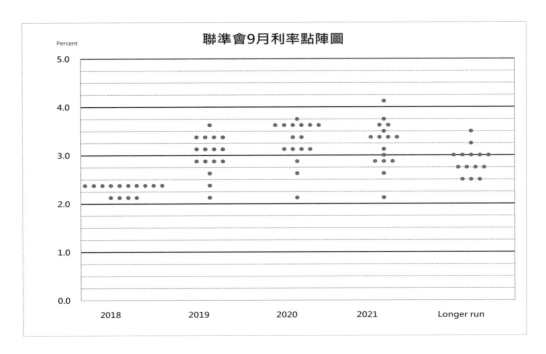

圖 4-19、4-20　聯準會（FED）公布點陣圖(FED Dot Plot)後，市場解讀 FED 緊縮維持不
　　　　　　　變，美元指數當日噴出，隨後啟動波段漲勢。反之，公布當日歐元重跌，
　　　　　　　並觸發波段跌勢。(資料來源 DQ2)

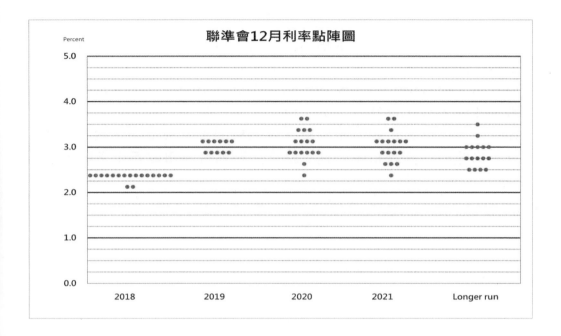

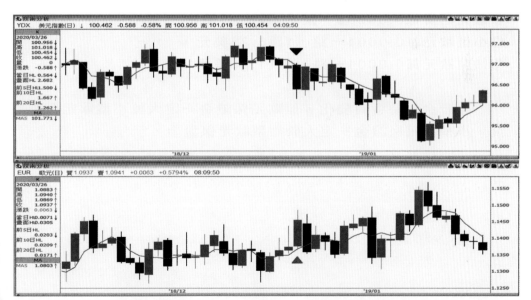

圖 4-21、4-22　聯準會（FED）在 12 月會議後，公布最新點陣圖(FED Dot Plot)，與前一
　　　　　　　次點陣圖相比，FED 趨向寬鬆。點陣圖公布後，美元波段漲勢結束，歐元
　　　　　　　反彈。(資料來源 DQ2)

有了美元指數未來走勢判讀方法，接下來，利用歐元與美元指數之間的相關性佈局歐元。先前提到，歐元是美元指數最大成分貨幣，而且歐元與美元指數負相關高達90％以上，當美元指數走強時，歐元會轉弱下跌；反之，美元指數走弱，歐元容易震盪走高。所以**運用綜合預判聯準會動態的工具與美元指數，以及歐元之間的明顯負相關特性，就可以輕鬆推導出歐元未來趨勢。**

　實務案例：輕鬆算出損益

　　歐元是世界第二大交易貨幣，市場對歐元需求程度相當廣，為了儘量符合市場所有需求，歐元期貨為此做了一些調整。歐元期貨依據合約規格不同分為歐元、小型歐元與微型歐元。在交易實務方面，三者主要差異在於保證金與每一跳價值。

◎**歐元期貨每0.00005一跳，1跳6.25美元，**
◎**小型歐元每0.0001一跳，1跳6.25美元，**
◎**微型歐元每0.0001一跳，1跳1.25美元。**

　　保證金隨時會有變化，但歐元保證金一定大於小型歐元保證金，小型歐元保證金一定大於微型歐元保證金。

歐元期貨多頭避險

　　某國際貿易商有一筆歐元應付帳款，該應付帳款一個月後支付，貿易商擔心支付前，歐元走升造成匯差損失，因此利用歐元期貨進行多頭避險。歐元期貨買進價格1.08135，上漲至1.082，獲利了結。此一多頭避險損益計算如下：

買進價格：1.08135

賣出價格：1.082

每一跳0.00005，1跳6.25美元，約新台幣大約188元。

〔(1.082－1.08135)/0.00005〕×6.25＝81.25美元，

約新台幣2,438元。

歐元期貨空頭避險

　　某國際貿易商有一筆歐元應收帳款，該應收帳款一個月後收款，貿易商擔心收款前，歐元滑弱造成匯差損失，因此利用歐元期貨進行空頭避險。歐元期貨放空價格1.1，下跌至1.092，獲利了結。此一多頭避險損益計算如下：

買進價格：1.092

賣出價格：1.1

每一跳0.00005，1跳6.25美元，約新台幣大約188元。

〔(1.1－1.092)/0.00005〕×6.25＝1000美元，

約新台幣30,000元。

歐元期貨投機操作 (1)

　　美國經濟呈現溫和復甦，且根據CME FED Watch Tools 提供的數據顯示FED升息機率高。A君認為FED升息在即，因此偏空操作歐元期貨，放空價格1.12，下跌至1.09，獲利了結。此一投機操作損益計算如下：

買進價格：1.09

賣出價格：1.12

每一跳0.00005，一跳6.25美金，1跳約新台幣188元。

〔(1.12－1.09)/0.00005〕×6.25＝3,750美元，

約新台幣112,500元。

歐元期貨投機操作 (2)

　　A君尚未了解操作歐元應注意事項，僅以直覺認為應偏空操作歐元，A君放空歐元期貨價格1.08。然而歐元出現強彈，歐元期貨上漲至1.095， A君停損回補。此一投機操作損益計算如下：

買進價格：1.095

賣出價格：1.08

每一跳0.00005，1跳6.25美元，約新台幣大約188元。

〔(1.08－1.095)/0.00005〕×6.25＝-1,875美元，

約新台幣-52,650元。

小歐元期貨多頭避險

　　某國際貿易商有一筆歐元應付帳款，該應付帳款一個月後支付，貿易商擔心支付前，歐元走升造成匯差損失，因此利用小歐元期貨進行多頭避險。小歐元期貨買進價格 1.0813，上漲至1.082，獲利了結。此一多頭避險損益計算如下：

買進價格：1.0813

賣出價格：1.082

每一跳0.0001，1跳6.25美元，約新台幣大約188元。

〔(1.082－1.0813)/0.0001〕×6.25＝43.75美元，

約新台幣1,312.5元。

小歐元期貨空頭避險

　　某國際貿易商有一筆歐元應收帳款，該應收帳款一個月後收款，貿易商擔心收款前，歐元滑弱造成匯差損失，因此利用小歐元期貨進行空頭避險。小歐元期貨放空價格1.1， 下跌至1.092，獲利了結。此一多頭避險損益計算如下：

買進價格：1.092

賣出價格：1.1

每一跳0.0001，1跳6.25美元，約新台幣大約188元。

〔(1.1－1.092)/0.0001〕×6.25＝500美元，

約新台幣15,000元。

小歐元期貨投機操作(1)

　　美國經濟呈現溫和復甦，且根據CME FED Watch Tools提供的數據顯示，FED升息機率高。A君認為FED升息在即，因此偏空操作小歐元期貨，放空價格1.12，下跌至1.09，獲利了結。此一投機操作損益計算如下：

買進價格：1.09

賣出價格：1.12

每一跳0.0001，1跳6.25美元，約新台幣大約188元。

〔(1.12－1.09)/0.0001〕×6.25＝1,875美元，

約新台幣56,250元。

小歐元期貨投機操作（2）

　　A君尚未了解操作歐元應注意事項僅以直覺認為應偏空操作歐元，A君放空小歐元期貨價格 1.08。然而歐元出現強彈，小歐元期貨上漲至1.095，A君停損回補。此一投機操作損益計算如下：

買進價格：1.095

賣出價格：1.08

每一跳0.0001，1跳6.25美元，約新台幣大約188元。

〔(1.08－1.095)/0.0001〕×6.25＝-937.5美元，

約新台幣-28,125元。

微型歐元期貨多頭避險

　　某國際貿易商有一筆歐元應付帳款，該應付帳款一個月後支付，貿易商擔心支付前，歐元走升造成匯差損失，因此利用微型歐元期貨進行多頭避險。微型歐元期貨買進價格 1.0813，上漲至1.082，獲利了結。此一多頭避險損益計算如下：

買進價格：1.0813

賣出價格：1.082

每一跳0.0001，1跳1.25美元，約新台幣大約38元。

〔(1.082－1.0813)/0.0001〕×1.25= 8.75 美元，

約新台幣262.5元。

微型歐元期貨空頭避險

　　某國際貿易商有一筆歐元應收帳款，該應收帳款一個月後收款，貿易商擔心收款前，歐元滑弱造成匯差損失，因此利用微型歐元期貨進行空頭避險。微型歐元期貨放空價格 1.1，下跌至1.092，獲利了結。此一多頭避險損益計算如下：

買進價格：1.092

賣出價格：1.1

每一跳0.0001，1跳1.25美元，約新台幣大約38元。

〔(1.1－1.092)/0.0001〕×1.25＝100美元，

約新台幣3,000元。

微型歐元期貨投機操作 (1)

　　美國經濟呈現溫和復甦，且根據CME FED Watch Tools 提供的數據顯示 FED 升息機率高。A君認為FED升息在即，因此偏空操作微型歐元期貨，放空價格1.12，下跌至 1.09獲利了結。此一投機操作損益計算如下：

買進價格：1.09

賣出價格：1.12

每一跳0.0001，1跳1.25美元，約新台幣大約38元。

〔(1.12－1.09)/0.0001〕×1.25＝375美元，

約新台幣11,250元。

微型歐元期貨投機操作(2)

　　A君尚未了解操作歐元應注意事項，僅以直覺認為應偏空操作歐元，A君放空微型歐元期貨價格1.08，然而歐元出現強彈，微型歐元期貨上漲至1.095，A君停損回補。此一投機操作損益計算如下：

買進價格：1.095

賣出價格：1.08

每一跳0.0001，1跳1.25美元，約新台幣大約38元。

〔(1.08－1.095)/0.0001〕×1.25＝-187.5美元，

約新台幣-5,625元。

CH. 05

能源類——原油

　　隨著人們日常生活需求增多，對於能源的需求也與日俱增，在眾多的能源商品中，以原油最受重視，動輒影響全球經濟發展。不過就期貨商品來說，同樣是原油，產出地點不同，所對應的期貨商品也有所差異。例如：紐約輕原油是以西德克薩斯州中級原油做為觀測標的；而布蘭特原油（Brent Crude）則是在歐洲北海生產，並且以在西歐提煉的石油產品為觀測標的。不過產地差異帶來的只是不一樣的期貨商品與報價，對於大方向與趨勢仍然會同向而行。

 ## 詳解原油價格的漲跌——供給與需求

　　有一個簡單明瞭的原則可以套用在原油價格：**供給與需求**。當供給不變、需求增加時，價格會震盪走高；相反的，當供給增加、需求不變時，價格會向下走跌，就是這兩個要項決定油價。既然供給與需求決定價格，有哪些資料可以分析需求者的態度，有哪些資料可以看清供給者的想法，成為操作原油需要特別注意的關鍵報告。

　　第一章提到海期、內期大不同，從海期的短線走勢觀察，基本面(含消息面)的影響力大於技術面，技術面大於籌碼面；而要

了解油價變化就要從基本面下手，對油價具有直接影響的數據有三項（見表5-1）：
一、API原油庫存，
二、EIA原油庫存，
三、貝克休斯鑽油井平台數。
API與EIA的數據主要分析需求者想法，至於貝克休斯鑽油井平台數是供給者產出分析。

表 5-1　操作原油期貨一定要追蹤影響油價的數據。

需求面數據	API原油庫存	增加	減少
	EIA原油庫存	增加	減少
供給面數據	貝克休斯鑽油井平台數	增加	減少
影響	油價變化	下降	上升

API原油庫存

　　API原油庫存報告，是由美國民間機構—— 美國石油協會（American Petroleum Institute，API）發布，這個協會是美國唯一的石油行業協會，涉及美國石油和天然氣行業的各個領域，這是石油天然氣工業所有企業追求優先共用的方針目標，以及為該行業整體效益提供了標準化，目前有四百多家美國國內企業會員。

　　1920年，API開始發行每星期原油生產統計報告，後來擴大到原油和產品庫存，煉油廠的運行和其他數據。該協會每星期會調查協會成員原油和產品庫存，時至今日API的統計數據*仍然是行業數據最可靠的來源，甚至包括政府和新聞界，以及全世界都在廣泛使用。至於為何將該數據歸類需求面？主要原因在於公布內容是**廠商庫存**，一般情況下，公司不會任意擴充或減少產能，因此庫存增加主要原因源自於需求減少；反之，需求增加，則庫存將因此減少。

　　現今美國石油協會（API）仍保持過去傳統，每星期公布一次協會成員庫存，該數據公布時間是台灣時間每星期三凌晨04：30(冬令時間加1小時，05：30)。公布數據是與前期（上星期）相比，庫存的變化量。公布內容主要是市場三項關注焦點：原油庫存、汽油庫存與精煉油庫存。除了上述市場關注焦點外，還會觀察庫欣原油庫存量**。

　　值得留意的，雖然API原油庫存公布時間為台灣時間每星期三凌晨04：30(冬令時間加1小時，05：30)，但影響的卻是星期二紐約輕原油期貨表現。除了美國節日外，紐約輕原油期貨交易時間為23小時。

　　換句話說，星期二紐約輕原油交易時間為台灣時間星期二早上06：00 (冬令時間加1小時，07：00)開盤，一直交易至台灣

---

*　　這項數據通常每星期公布一次，它會顯示現在有多少石油庫存和產品，因此可以了解供應將持續多久。而且影響了可以對通貨膨脹，以及其他經濟影響力造成影響的成品油的價格。

**　庫欣是美國最大原油轉運中心，尤其是紐約輕原油期貨的主要交割地，市場認為庫欣的原油庫存量反映紐約輕原油的供需情況。

時間星期三早上05：00(冬令時間加1小時，06：00)，而API原油庫存公布時間為台灣時間每星期三凌晨 04：30(冬令時間加1小時，05：30公布)，這個時段正好落在星期二交易時段，因此API原油庫存公布時，會影響星期二紐約輕原油期貨表現（見圖5-2）。

原油星期二交易時間流程

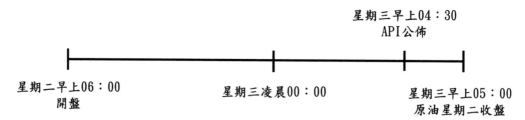

圖 5-2　紐約輕原油期貨交易時序，美國 API 公布，影響紐約輕原油星期二盤勢。

公布後的數據應該如何解讀（見圖5-3、5-4、5-5、5-6）？

首先，要先了解庫存變化對油價影響。前段提到庫存顯示市場需求，當市場需求量大，庫存應該會減少；相反的，當庫存增加時，代表市場需求疲弱。因此數據公布對油價影響為**反向影響**——庫存多、油價跌，庫存減少、油價漲。

其次，須特別留意，API原油庫存公布時已接近收盤，因此影響油價的時間相當短。公布後如果有行情，那麼行情大約在15分鐘內發酵結束，而且次一交易日早盤行情走勢不一定會延續API原油庫存公布後造成的行情，因此API原油庫存公布可能造成油價急拉或急殺，但此時並非是最佳佈局時機。

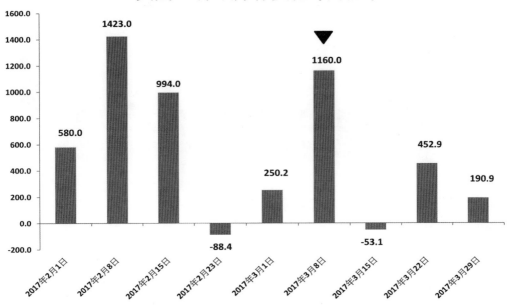

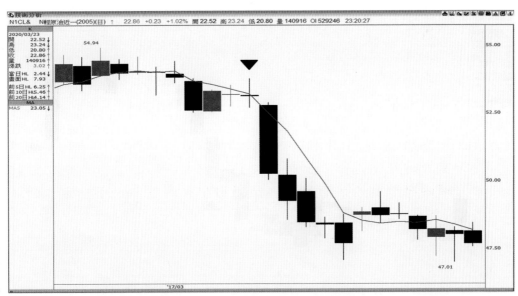

圖 5-3、5-4　美國 API 原油庫存大增，導致油價壓回，K 線收黑，留下長上影線。
（資料來源 DQ2）

美國API原油庫存變化（萬桶）

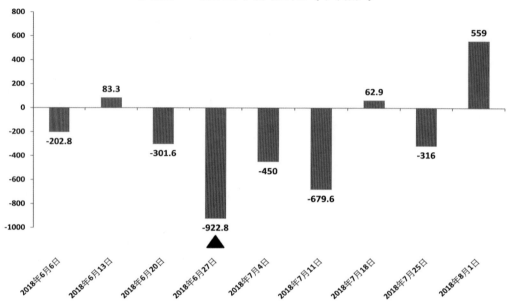

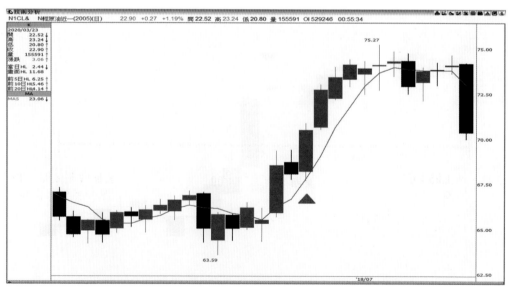

圖 5-5、5-6　美國 API 原油庫存大減，紐約輕原油出現噴出。(資料來源 DQ2)

EIA原油庫存

ＥＩＡ原油庫存報告是由美國官方機構美國能源情報署 (Energy Information Administration，EIA）公布，這個機構是隸屬於美國能源部的一個統計機構，它為美國能源管理部門對相關能源政策的制定，提供有力的數據支持。ＥＩＡ對資訊做獨立報導，不受政府影響。該部門為超然中立公部門，公布數據相對於API較具公信力。

ＥＩＡ原油庫存報告與API原油庫存報告同樣是每星期公布一次，如果星期一美股沒有休市，ＥＩＡ原油庫存報告公布時間是台灣時間星期三晚間22：30 (冬令時間加1小時，23：30)。除了遇到美國節日提早收盤，原油期貨星期三交易時間為台灣時間星期三凌晨06：00 (冬令時間加1小時，07：00)交易至台灣時間星期四早上05：00 (冬令時間加1小時，06：00)。比對ＥＩＡ原油庫存報告公布時間，ＥＩＡ原油庫存公布大多是影響星期三原油期貨表現（見圖5-7）。

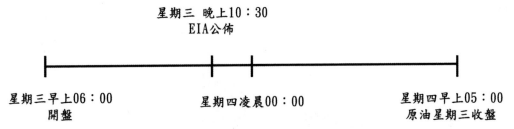

原油星期三交易時間流程

星期三 晚上10：30
EIA公佈

星期三早上06：00
開盤

星期四凌晨00：00

星期四早上05：00
原油星期三收盤

圖 5-7 紐約輕原油期貨交易時序，美國 EIA 公布，影響紐約輕原油星期三盤勢。

EIA的數據著重於與前期（上週）相比，原油庫存變化量。重點觀察原油庫存、汽油庫存與精煉油庫存變化。特別留意，前段提到API原油庫存報告對油價影響時間短，大多在15分鐘內發酵完畢，而且行情不一定會延續至隔日；但EIA原油庫存報告對原油期貨的影響程度遠大於API原油庫存報告。

當EIA原油庫存報告公布後，油價會出現大幅震盪，並且通常會伴隨向上過高，或是向下破底的突破行情；更甚者，趨勢因此逆轉，多空因此易位，所以應該對EIA原油庫存報告必須特別留意（見圖5-8、5-9、5-10、5-11）。

API原油庫存報告與EIA原油庫存報告對油價影響

API原油庫存報告與EIA原油庫存報告，除了公布後對油價影響程度不同，解讀方式也略有不同。

相同：當庫存增加時，顯示市場需求疲弱，因此數據公布對油價影響是反向影響；庫存多、油價跌，庫存減少、油價漲。

不同：API原油庫存報告著眼於原油庫存變化；而EIA原油庫存報告公布時，不只要留意原油庫存變化，EIA汽油庫存的增減，可能會造成預料之外的行情。

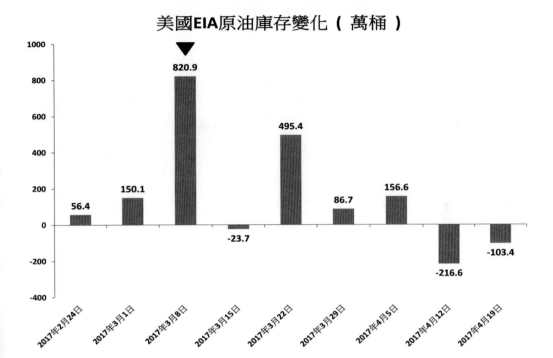

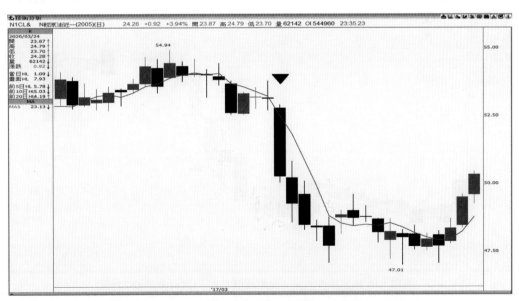

圖 5-8、5-9　美國 EIA 原油庫存大增，導致油價大幅壓回。(資料來源 DQ2)

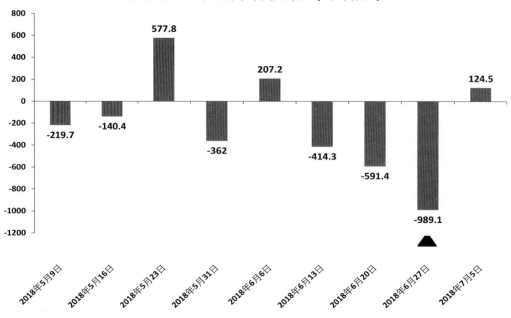

圖 5-10、5-11　美國 EIA 原油庫存大減，激勵油價走高。(資料來源 DQ2)

　　一般情況下，以原油庫存影響市場行情最大，但偶而會有例外（見圖5-12、5-13）：

一、**因為汽油是原油裂解後產生的新產品。**汽油價格與原油價格相關係數高達0.7，汽油需求情況會直接影響原油需求量。

二、**汽油的購買者大多是最終消費者，因此汽油需求能更加真實反應經濟前景。**當汽油庫存減少時，市場會解讀為消費力道增強，經濟前景轉好，此時就算原油庫存增加，也只是短暫的，隨著經濟逐漸好轉，原油庫存增加的情況會逐步改善。且看以下的案例說明。

2019年10月11日，EIA公布原油庫存報告，原油庫存大增928.1萬桶，而且連續五個星期，同時創下24週最大增幅。與此同時，汽油庫存減少256.2萬桶，市場預估為減少138.1萬桶。雖然原油庫存大增，但報告公布後，紐約輕原油期貨不跌反漲，最終上漲1.07，漲幅2.01%。此次公布結果就是印證前面一段所說的案例。

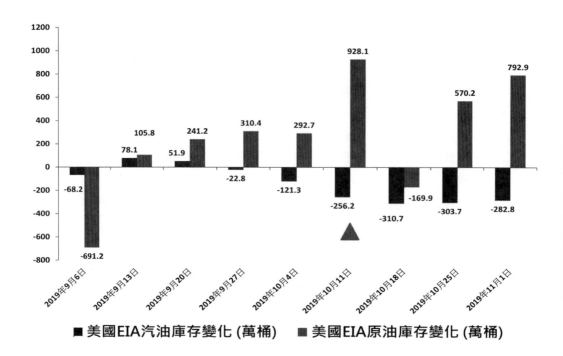

■ 美國EIA汽油庫存變化 (萬桶)　　■ 美國EIA原油庫存變化 (萬桶)

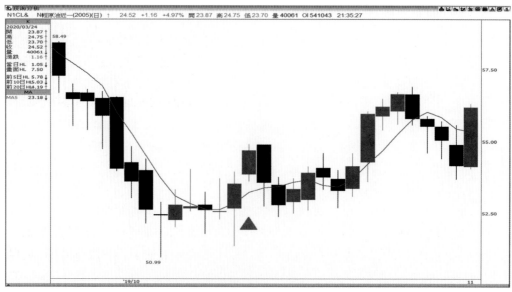

圖 5-12、5-13　市場焦點不一定放在原油庫存，有時候投資人更在意汽油庫存變化。
(資料來源 DQ2)

不論是API或是EIA的原油庫存，統計數據都是來自於美國原油產品公司提供的庫存數據。對此有些人可能會質疑只針對美國原油產品公司的庫存做統計，為何會對全球油價造成明顯影響？

扣除掉地緣政治不穩，例如：美國對伊朗實施制裁、葉門內戰、重要產油國或輸油管遭受攻擊……等區域因素，**影響原油需求關鍵在於全球經濟表現**。當全球經濟情勢熱絡，消費與投資力道增強，此時不論是工業用油或是民生用油，需求量都會提升，油價會因此走升；相反的，全球經濟疲軟，消費與投資降低，原油需求會降低，油價會因為需求不振，陷入疲軟。

全球經濟情勢當然是以全球第一大經濟體美國馬首是瞻。當美國陷入經濟疲軟，導致原油需求下降，各項油品庫存增加時，投資人會擔心局勢惡化擴及全球，油價因此受到負面衝擊；反之，當美國經濟前景大好，原油需求上升，各項油品庫存下滑，此一情境會提升市場信心，有助於推升油價。

由於美國全球領導地位，市場對美國情勢變化格外敏感，即使只統計美國原油產品公司的庫存數據變化，市場也會自動解讀為全球經濟態勢。就是這個原因，API原油庫存與EIA原油庫存統計範圍僅限於美國，但該統計數據對油價依然有明顯影響。

貝克休斯鑽油井平台數

原油**需求面數據**偏向於API原油庫存、EIA原油庫存，而原油**供給面數據**則是觀察貝克休斯鑽油井平台數變化。貝克休斯鑽油井平台數與原油供給的相關性，要從貝克休斯這家全球最具規模的油田服務公司說起。

　　貝克休斯公司（Baker Hughes Inc.,BHI）是美國一家提供全球石油開發和加工工業提供產品和服務的大型服務公司，成立於1987年，由Baker和 Hughes兩家歷史悠久的石油設備公司合併組成。1996年公司的營業總額超過30億美元，在世界各地的工作人員約有1.8萬人。貝克休斯在油田生產服務領域十分廣泛，目前設有七家油田服務公司，提供鑽井、完井和油氣井生產的各類產品和服務。

　　也就是從原油探勘開採是否符合成本、開採設備建議與販售、完成油井開發，以及油井開發完成後遇到的任何困難，該公司都會協助處理，簡單的說，從探勘、開井、開井完成後的售後服務一條龍服務。

　　貝克休斯公司宗旨在於提高石油工業作業效率，提高油氣藏的最終採收率。主要從事以下幾個方面的服務：
一、鑽井和地層評價；
二、完井服務；
三、生產管理；
四、企業解決方案。

　　由於企業規模夠大，所以包辦原油開採前後所需的服務與設備，使得貝克休斯能高度掌握美國境內產油公司動態，進而對於美國油類商品產能變化，貝克休斯最清楚，因此貝克休斯鑽油井平台數變化能做為美國油品產能增、減變化的參考依據。

　　貝克休斯鑽油井平台數，由貝克休斯公司公布。在一般情況下，貝克休斯鑽油井平台數公布時間為台灣時間星期六凌晨1：00（冬令時間加1小時，星期六2：00）。公布時間正好是紐約輕原油星期五的交易時間，台灣時間星期五凌晨06：00（冬令時間加1小時，07：00），交易至台灣時間星期六早上05：00（冬令時間加1小時，06：00），因此**貝克休斯鑽油井平台數主要影響星期五紐約輕原油表現**（見圖5-14）。

原油星期五交易時間流程

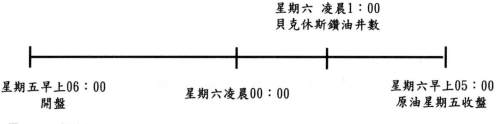

圖 5-14　紐約輕原油期貨交易時序，貝克休斯鑽油井平台數公布，影響紐約輕原油星期五盤勢。

　　公布內容是這星期美國活躍鑽油井數量，通常公布後會與前值相比，也就是這星期的活躍鑽油井平台數減去前一星期的活躍鑽油井平台數，活躍鑽油井平台數正成長，代表油品產量提升，供給增加，對油價造成負面影響；相反的，與前期相比，活躍鑽油井平台出現負成長，產能下滑，供給減少，油價會因此走升（見圖5-15、5-16）。

貝克休斯鑽油井平台數增減變化

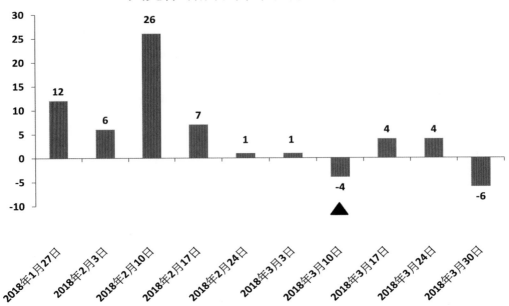

圖 5-15、5-16　貝克休斯鑽油井平台數終結連六星期增加，紐約輕原油走揚。

(資料來源 DQ2)

影響油價的組織、國家與事件

美國與原油供給

前一節談到美國原油需求與供給對油價影響，這一節要分享美國產油發展史，藉以更深入了解為何美國對油價有影響力。一般人在閒聊時提到原油，最先想到的一定是中東國家，像是沙烏地阿拉伯、伊拉克…等等。然而除了中東耳熟能詳的國家，幅員廣闊的俄羅斯也是產油大國，但大家往往忽略了美國的產油實力。隨著美國政府對於美國境內能源開發態度轉變，美國的原油出口量迅速增長，事實上，美國原油出口量已超越俄羅斯，逐漸轉變為原油淨出口國了。

20世紀70年代初，受石油危機衝擊，美國國內油價一度飛漲，為保障本國石油供應安全、抑制油價飛漲，美國於1975年制定《能源政策和節能法》，成立戰備儲油＊（strategic petroleum reserve，SPR），開始嚴格限制美國原油出口。

2019年9月14日清晨，沙烏地阿拉伯的石油設施遭無人機轟炸；隔兩天開盤，布蘭特原油每桶價格一度飆漲20％，為穩定油價，美國總統川普發推特稱：「如果有必要，我已經授權釋出戰備儲油，我相信數量未定的石油儲備將能讓市場供應充足。我也已經通知相關部門，加速德州及其他州的輸油管線核准進度。」川普所指的「數量未定」，是指總計超過6.4億桶，儲存在墨西哥灣沿岸地下鹽洞裡的戰備儲油（見圖5-17、5-18）。

＊　戰備儲油是指一個國家為預防因戰爭等因素，而導致石油進口或生產中斷，會以該國一日平均用油量，規定所需最少儲備一定數量的石油，各國規定大多為30日至90日。

圖 5-17、5-18　2019 年 9 月 14 日(星期六)清晨，沙烏地阿拉伯的石油設施遭無人機轟炸，星期一開盤時，不論是紐約輕原油期貨，還是布蘭特原油期貨都是跳空大漲，漲幅超過 10%。(資料來源 DQ2)

　　時間回朔到2014年和2015年，油價出現大幅回檔，再加上美國頁岩油開採技術逐漸成熟，大量原油儲備的功能性下滑，於是在2015年年底，美國參眾兩院通過取消長達四十年的原油出口禁令，從此美國開始進入原油市場供給方。之後又遇到政黨輪替，共和黨總統候選人川普當選美國總統，川普較為漠視環境保護，主張積極能源開採，在川普上任後，於2017年4月28日簽署一項行政命令，將透過開放大西洋、太平洋及北極等受保護的水域，擴大海上石油天然氣鑽探。

　　川普公開表示，美國海上石油和天然氣儲備豐富，但聯邦政府關閉了美國94%的海上開採地區，剝奪了美國數以萬計的潛在工作和數十億美元的財富。川普承諾重建海上能源生產將降低能源成本，創造無數新的就業機會，使得美國更加安全，能源方面變得更加獨立。在川普積極開放探勘與採集的情況下，美國在世界原油供給的角色越來越重要。

　　美國原油產出量增幅有多快呢？在川普簽署行政命令之前，美國原油每日產出為1,523萬桶，一年過後的2018年4月美國原油每日產出為1,936萬桶。短短一年之間，美國原油每日產出增加27％。更甚者，受到OPEC+減產影響，2019年美國原油日產量超過沙烏地阿拉伯與俄羅斯成為世界之冠。美國原油日產量達世界之冠，能反映美國原油生產變化的貝克休斯鑽油井平台數的數值變化不容小覷（見圖5-19）。

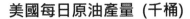

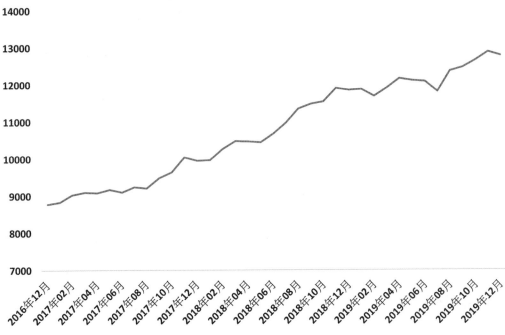

美國每日原油產量 (千桶)

圖 5-19　川普就任後美國原油日產量不斷增加。

OPEC+另一個掌控油價的組織

　　石油輸出國家組織（OPEC，Organization of the Petroleum Exporting Countries）是由伊朗、伊拉克、科威特、沙烏地阿拉伯和委內瑞拉等五國，為共同應對由英美主導的七姐妹跨國石油公司*，並維護石油這項穩定收入，於1960年在巴格達（伊拉克首都）成立的一個政府間組織。

---

*　1906年標準石油被美國法院判決應分割為二十家公司後，形成的三家較大石油公司與另外四家石油公司組成的壟斷性企業聯盟，在1950至1960年這個聯盟曾大舉在中東鑽探石油，直至OPEC成立後才解體。

從1965年成立總部就設於奧地利首都維也納，截至2019年1月共有十四個會員國（見表5-20），沙烏地阿拉伯是這個組織的實際領導者，要成為OPEC會員國必須符合以下條件：

一、必須是實際上的原油淨出口國，以及原油生產超過其本國消費的國家；

二、必須經組織四分之三的正式會員國（包括五個創始會員國）一致同意接受。

從加入條件可以發現，OPEC會員國一定是產油及原油出口大國。

表 5-20　**OPEC 會員國**（厄瓜多於 2020 年年初退出）。

OPEC會員國	石油產量 (萬桶/天, 2016年)	石油儲量 (萬桶, 2016年)
阿爾及利亞	134.8	1,220,000
安哥拉	177.0	842,300
赤道幾內亞	22.7	110,000
加彭	21.1	200,000
伊朗	399.1	15,753,000
伊拉克	445.2	14,306,900
科威特	292.4	10,150,000
利比亞	38.5	4,836,300
奈及利亞	200.0	3,707,000
沙烏地阿拉伯	1,046.1	26,657,800
阿聯	310.6	9,780,000
委內瑞拉	227.7	29,995,300
剛果	2.6	160,000
厄瓜多	54.8	827,300

　　美國對原油供需有相對應的數據報告，所以OPEC也對原油供需展望發表報告。 OPEC定期發表《*石油輸出國組織公報*》（月刊）、《*石油輸出國組織評論*》（季刊）、《*年度報告*》、《*統計年報*》。這些報告對油價而言，會造成一定程度的影響。但是這些報告與美國 API、EIA或是貝克休斯鑽油井平台數公布方式有些不一樣，美國API、EIA與貝克休斯鑽油井平台數公布時間是相當固定的，公布內容的數據相當明確，而且相當容易搜尋到。

　　但OPEC定期發表的《*石油輸出國組織公報*》、《*石油輸出國組織評論*》、《*年度報告*》、《*統計年報*》公布時間並不固定，內容也比較複雜。以《*石油輸出國組織公報*》為例，OPEC每個月10～14日之間公布，公布時間約為台北時間晚上18：00～ 20：00，公布內容需等待翻譯，所以影響時間與影響強度難以掌握；因此對於這類報告建議在公布後，利用前段提到的，可運用**布林通道**突破追價佈局（見圖5-21）。

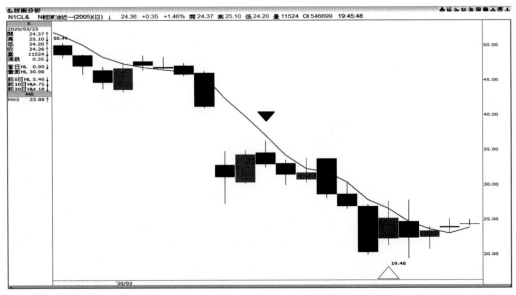

圖 5-21　2020 年 3 月 11 日 OPEC 公布月報，其中揭露原油需求恐下滑，因此導致油價反彈走勢終止。(資料來源 DQ2)

　　至於OPEC+是指石油輸出國組織與同盟國，這個組織由兩個機構構成：一個是OPEC，另一個是非OPEC會員產油國。前文提到會成立OPEC，主要是對抗由英、美主導的七姊妹跨國石油公司，然而有些產油大國既不受英、美國家主導，也不加入OPEC成為OPEC會員，只有產油利益受到嚴重影響時，才會尋求與OPEC合作。這類型的產油大國稱為非OPEC會員產油國，其中以俄羅斯為非OPEC會員產油國最具代表性國家。

　　幅員遼闊的俄羅斯蘊含各類礦產與天然資源，其中以原油與天然氣產量最受關注。在美國原油出口禁令解除之前，俄羅斯曾是全世界第一大原油生產與出口國，產量占OPEC以外所有石油總量的1/4。美國解禁後，俄羅斯產油地位略有鬆動；從2017年統計資料來看，2017年三大產油國：
第一名、美國，日產量1305.7萬桶/每日，
第二名、沙烏地阿拉伯，日產量1195.1萬桶/每日，
第三名、俄羅斯，日產量1125.7萬桶/每日，
第四名、伊朗，日產量僅498.2萬桶/每日。

　　雖然俄羅斯產量下滑至第三名，日產千萬桶的態勢依舊不變，而且與第四名伊朗相比，俄羅斯全球第三大產油的地位短時間沒有其他國家能挑戰。由於高原油產量，俄羅斯成為非OPEC會員產油國的代表，對於國際油價具有相當的影響力。

　　值得留意的，不論是OPEC或是非OPEC會員產油國，對這些國家而言，原油出口的收入是相當重要的財政收入；當原油價格大幅滑落，這些國家的財政將面臨嚴峻考驗。2014年及2015年油價重挫，讓OPEC與非OPEC會員產油國就面臨上述困境，此一情況促使OPEC與非OPEC會員產油國合作減產，降低原油供給，提高油價，這也是歷史上難得一見的跨組織合作。

原油減產協議

　　隨著美國頁岩油開採技術日新月異，油價面臨相當程度的反壓，而且反壓力道逐漸增強。因為除了頁岩油產出帶來壓力外，美國原油出口解禁更是壓垮油價的最後一根稻草。自2014年下半年開始，油價迅速崩跌，跌勢一直延續至2016年，從每桶107美元下跌至每桶26美元（見圖5-22）。

圖 5-22　2014 年下半年，油價從每桶 107 美元快速下滑至每桶 26 美元，原油迅速下跌創低，促使 OPEC 與其同盟產油國簽定原油減產協議。(資料來源 DQ2)

　　如此跌跌不休的油價，讓以出口原油為重要財政收入的OPEC產油大國，陷入財政短缺的困境，因原油生產而相互結盟的OPEC成為油價崩跌最大受害者，然而不只OPEC會員國受到衝擊，產油大國俄羅斯面臨相同問題。面對如此重大衝擊，OPEC不得不研商因應對政策，於是在2016年達成原油減產協議。

　　OPEC的石油輸出國組織大會是OPEC的最高決策會議，各會員國向大會派出以石油、礦產和能源部長（大臣）為首的代表團。大會每年召開兩次，負責制定該組織的大政方針，並決定以何種適當方式加以執行，原則上，會議時間是6月與12月，如有需要還可召開特別會議，大會奉行全體會員國一致原則，每個會員國都是一票。

　　石油輸出國組織大會的工作是：

一、決定是否接納新的會員國。

二、審議理事會就該組織事務提交的報告和建議。

三、大會審議通過對來自任何一個會員國的理事任命，並選舉理事會主席。

四、大會有權要求理事會就涉及該組織利益的任何事項提交報告或提出建議。

五、大會對理事會提交的石油輸出國組織預算報告加以審議，並決定是否進行修訂。

　　從OPEC石油輸出國組織大會參與人、會議討論事項，可以發現OPEC石油輸出國組織大會主要重點是討論決定會議後半年內原油產量、油價，並且運用OPEC會員國全球原油產出高市占率，團結實踐會議決議。此一會議制度在2014年～2016年油價崩跌時發揮其效果。

　　供給與需求創造價格，石油輸出國組織（OPEC）依循此公式制定油價崩跌的解決方案，既然OPEC的會員國都是產油大國，就從原油供給著手。OPEC希望藉由約束會員國生產量，降低原油供給，提高油價。

　　於是在2016年第二次OPEC大會討論原油減產。經過兩天會議，決定從2017年1月1日起，每日減少原油產出120萬桶，OPEC的會員國石油日產量由目前的3360萬桶削減為3250萬桶，並且為了增加減產力度，OPEC更邀請俄羅斯與十一個非OPEC產油大國一起參與減產。由於油價崩跌對產油大國帶來非常嚴重的負面影響，以俄羅斯為首的十二個非OPEC產油大國在八年後再度與OPEC合作，加入減產，使得減產量達到每日約180萬桶。首波執行六個月。

　　減產協議達成後，為了讓減產更加落實，OPEC+的所有會員國由科威特、俄羅斯、阿爾及利亞、委內瑞拉與阿曼等五個會員國的石油部長組成監督委員會，監督委員會設秘書處，每月17日秘書處將減產報告送交該委員會。由減產監督委員會的五個會員國指派的代表與OPEC主席國沙烏地阿拉伯組成的技術團隊，每個月會面完成分析報告，以確定參與減產的會員國是否遵照協議內容實施減產，原油減產達成率從一開始大約80%，上升至100%以上。產油大國聯手降低原油供給，並嚴格約束減產情況，造成紐約輕原油從2016年低點26.05美元震盪走高，一度突破70美元大關（見圖5-23）。

　　油價在減產協議的支持下，震盪走高，然而減產協議實施過程中，卻曝露出OPEC+對油價掌控能力逐漸減弱。一開始原油減產協議實施半年，半年後再延半年，接下來，每一次OPEC大會的最後決議都是減產協議持續延續，此一情況一直延續至2019年都沒有改變。除了減產協議存續時間一再延長，減產協議中的每日減產桶數也緩步推升，從一開始每日減產120萬桶，到2019年下半年度會議決議每日減產170萬桶。一再延長減產，且減產量持續擴大。

圖 5-23　在原油減產協議推升下，油價震盪走高突破 70 美元。(資料來源 DQ2)

　　然而減產協議不斷延續，但油價依舊無法重回2014年油價起跌前水準，減產協議產生的效益對OPEC+ 是個警訊。此外，2018年10月，紐約輕原油見波段高76.9美元後，川普推特推文油價太高，使得油價連續三個月走跌，紐約輕原油下殺至42.36美元，此一重挫更凸顯， OPEC+ 對油價的影響力明顯衰退。

　　OPEC+ 合作減產的效益逐漸下滑，原油減產協議延續面臨嚴峻考驗，2020年爆發新型冠狀病毒(COVID-19)成為壓垮原油減產協議最後一根稻草。2019年底新型冠狀病毒由中國開始發病並且逐漸擴散。及至2020年初，該病毒已擴及全球，為了防止疫情漫延，美國、德國、日本⋯等全球多個經濟大國，實施了邊境管制，甚至封城、鎖國。

　　而這些管制措施直接衝擊了用油量極大的航空業，使得原油需求大幅下滑，眼看原油減產帶動的油價走升無法彌補需求衰退造成的油價下滑，產油國將目光投向搶奪市佔。俄羅斯於2020年3月6日的OPEC＋會議上宣布不再配合OPEC減產，原油減產協議就此破局，而原油減產協議破局除了油價出現斷崖式下跌（見圖5-24），同時表示OPEC甚至是OPEC＋對油價掌控權更加薄弱

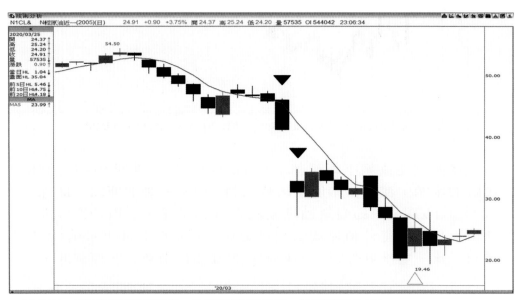

圖 5-24　原油減產協議破局後，油價出現斷崖走勢。(資料來源 DQ2)

　　OPEC＋ 聯手實施原油減產的同時，另一產油大國美國並沒有因此閒著。來看看此時美國的反應與對策。當OPEC＋與同盟國2017年開始實施減產，紐約輕原油在此一利多激勵下，震盪走高，2018年10月走揚，突破70美元大關。由於油價走揚，工業生產成本隨之提高，此一情況惹怒了美國總統川普。為了油價

問題，川普多次在推特發文，要求OPEC+與同盟國停止一切意圖影響油價的政策或協議，但是OPEC+與同盟國根本不理會川普的推文。

最終川普直接在推特發文說明他認為油價太高，應該修正，此文一出，紐約輕原油隨即從高點76.9美元，一路下殺至42.36美元，其間更創下連續11天走跌收黑（見圖5-25）。

圖 5-25　川普推文批評油價過高，油價大幅壓回，跌破 50 美元。(資料來源 DQ2)

雖然在減產協議持續延續的時空背景下，油價卻敵不過川普的推文，經過此一事件，證明美國利用 OPEC+ 減產期間搶奪原油市佔，美國對於油價已具有相當程度的發言權，此一情況也為原油減產協議破局埋下伏筆。

原油對全球經濟發展的重要性眾所皆知，因此掌握油價發言權等於掐住全球經濟命脈，從川普抱怨油價太高，油價隨即滑落的角度來看，顯然美國已掌握住油價發言權，而美國能取得油價發言權的主因可歸納為兩點要素：

第一、開採頁岩油的開採技術進步，而且成本低，低成本可以承受較低的售價，使得競爭力優於OPEC＋與同盟國。

第二、適逢OPEC＋與同盟國實施減產，美國趁勢崛起搶攻市場。OPEC＋與同盟國不會不知道美國的優勢與想法，原油減產協議的成效，以及OPEC＋與同盟國是否持續團結都面臨重大考驗，減產協議成效恐陷入邊際效用而遞減，油價將重回自由市場機制。

　　美國崛起、原油減產協議破局，原油市場進入新紀元，油價波動與發展趨勢複雜程度將因此提高。

從遠近月價差看油價

　　商品期貨價格構成主要由現貨價格、生產成本、倉儲成本、利率、市場對商品價格未來預期…等因子加總而成。從組成要素來看可以發現，忽略市場對商品價格未來預期這個因子，其他因子大多都是剩餘時間越長期，對期貨價格正向影響越明顯。正常期情況下，商品現貨價格會小於商品期貨價格，近月商品期貨價格會小於遠越商品期貨價格。運用基差公式表示：

基差＝現貨價格－期貨價格＜0，或是
　　　　近月期貨價格－遠月期貨價格＜0。

　　至於市場對商品價格未來預期，這個因子對期貨價格影響與其他單純剩餘時間越長期，對期貨價格正向影響越顯著有顯著差異，市場對商品價格未來預期影響關鍵不是存續期間，而是市場看法，對於期貨價格影響也不再只是正向影響，基差<0的情況可能會因為市場對商品價格未來預期出現改變。當市場交易人悲觀看待某商品未來發展趨勢，認為該項商品價格未來下跌幅度會大於期間內持有成本，此時**基差會產生變化**，基差會因為上述情況，由先前<0變成>0，因此當商品價格基差>0，通常暗示這項商品接下來可能會有跌價風險；換句話說，當商品期貨基差>0，表示商品價格已經到頂，隨時有反轉可能。

　　然而有原則就有例外，**原油就是基差轉正不代表會反轉的案例**。由於原油屬於寡占商品，因此期貨多頭避險的份量格外吃重，當市場認為油價短線會有噴出行情時，投資人擔心價格上揚風險會比一般商品嚴重。此時投資人會選擇賣出遠月契約，將資金集中買入近月契約。一買一賣的過程中，遠月契約價格下滑，近月契約價格走升；而一來一回，近月契約價格減遠月契約價格變成大於0。所以原油期貨近月契約價格減遠月契約價格>0，反映的是原油多頭避險需求旺盛，油價會因此被推升，強勢走多頭行情。

　　上述論點可以從布蘭特原油2010年起漲到2014年高點，再從2014年波段高點下殺破底，這段期間近遠月價差變化做驗證：

2010年布蘭特原油期貨低點7835一路震盪走高，2014年來到11481，此時布蘭特原油近月契約價格減遠月契約價格，由-60幾迅速拉升至300～400。布蘭特原油期貨近月與遠月價差由-60轉成正數，油價依舊持續走升，隨後近月與遠月

價差持續正向擴大，油價持續走高，不斷創下波段新高。

一般情況下，當近月與遠月價差轉為正值時，市場大多會解讀為短線漲幅已大，預期未來價格會下跌，因此買進近月契約，同時放空遠月契約，進而導致遠月契約價格低於近月契約價格。

2010年～2014年的布蘭特原油期貨表現實際情況並非如此，基差正負變化在油價出現例外。不僅布蘭特原油期貨上漲過程，基差變化出現例外表現，當布蘭特原油期貨從2014年高點迅速向下壓回，此時布蘭特原油期貨近月與遠月價差迅速壓回，基差從原先的正數大於0向下走低，重新回復為負值，然而基差轉負並沒有為布蘭特原油期貨帶來支撐，甚至沉重的賣壓，讓布蘭特原油期貨跌破2010年起漲點。

布蘭特原油期貨近月與遠月價差變化，以及布蘭特原油期貨走勢相關變化，再度打破市場傳統觀念。

原油基差正負變化與期貨價格走勢會出現不同於傳統判斷模式的例外情況，上述案例並非特例，原油減產協議通過，與先前提到川普在2018年推特發文認為太高，導致油價由70多美元回檔，剩40美元出頭，同樣都是基差正負變化與期貨價格走勢出現不同於傳統判斷模式的例外情況；顯示利用原油基差正負變化判斷油價未來趨勢需要與傳統判斷方式相反，這對於原油期貨操作具有重大參考價值（見圖5-26）。

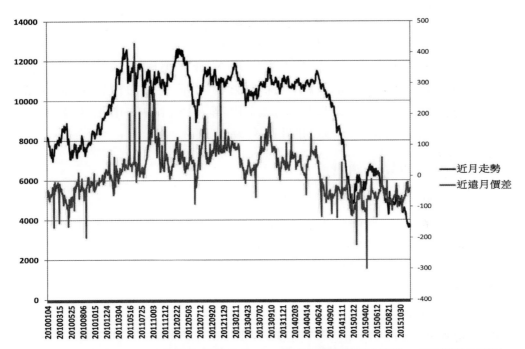

圖 5-26　正常情況下，近月契約-遠月契約<0，代表市場樂觀看待後勢，但油價卻是個例外，當近月契約-遠月契約<0，油價反而大幅回檔。

 實務案例：輕鬆算出損益

　　本章一開始提到，油產出地點不同，所對應的期貨商品也有所差異，舉例來說，布蘭特原油採用歐洲北海生產，以及在西歐提煉的石油產品為觀測標的，而紐約輕原油則是以美國西德克薩斯州中間基原油做為觀測標的，除了追蹤不同產地有不同的對應期貨商品外，與歐元相同，為了因應避險需求不同，原油期貨合約規格也有差異。市場上關注的原油期貨商品包括：紐約輕原油期貨、小型輕原油期貨與布蘭特原油期貨。

〰 紐約輕原油期貨

　　美國的原油本來就佔有一席之地，隨著美國開放原油出口，以及美國總統川普鼓勵大幅開採的影響之下，紐約輕原油期貨倍受市場關注，而且被交易比重加速提高。以目前的市場來看，紐約輕原油期貨可以說是原油期貨交易首選。

紐約輕原油期貨多頭避險

　　某航運公司需要大量油料維持營運，經營者擔心油價上漲，造成成本提升，使得獲利侵蝕，因此買進紐約輕原油期貨，進行多頭避險。買進價格為58.55美元，待價格上漲至60.04美元賣出，獲利了結。忽略交易成本，此筆交易損益計算如下：

買進價格：58.5

賣出價格：60.04

紐約輕原油期貨0.01一跳，1跳10美元，約新台幣300元。

損益計算：(60.04－58.55)/0.01×10＝獲利1490美元，
　　　　　約新台幣44,700元。

紐約輕原油期貨空頭避險

　　某原油開採公司擔心油價下跌，造成獲利減少，因此賣出紐約輕原油期貨，進行空頭避險，賣出價格為59.00美元，待價格下跌至58.24美元買進，獲利了結。忽略交易成本，此筆交易損益計算如下：

買進價格：58.24

賣出價格：59.00

紐約輕原油期貨0.01一跳，1跳10美元，約新台幣300元。

損益計算：(59.00－58.24)/0.01×10＝獲利760美元，
　　　　　約新台幣22,800元。

紐約輕原油期貨投機交易 (1)

　　A君觀察原油期貨基差(近月期貨價格－遠月期貨價格)變化，A君發現原油基差由負轉正。A君認為油價漲勢可能會延續，因此買進紐約輕原油期貨，買進價格57.90美元，待油價上漲至58.25美元賣出，獲利了結。忽略交易成本，此筆交易損益計算如下：

買進價格：57.90

賣出價格：58.25

紐約輕原油期貨0.01一跳，1跳10美元，約新台幣300元。

損益計算：$(58.25-57.90)/0.01 \times 10 =$ 獲利350美元，

　　　　　　約新台幣10,500元。

紐約輕原油期貨投機交易 (2)

　　A君觀察原油期貨基差(近月期貨價格－遠月期貨價格)變化，A君發現原油基差由負轉正。A君以傳統基差分析模式分析此一基差變化，因此賣出紐約輕原油期貨，賣出價格57.90，待油價上漲至58.25賣出，獲利了結。忽略交易成本，此筆交易損益計算如下：

買進價格：57.90

賣出價格：58.25

紐約輕原油期貨0.01一跳，1跳10美元，約新台幣300元。

損益計算：$(58.25-57.90)/0.01 \times 10 = 350$ 美元，

　　　　　　約新台幣10,500元。

⌇ 布蘭特原油期貨

　　布蘭特原油期貨最小跳動點數、每一跳動點價值與紐約輕原油期貨相同。0.01一跳，每跳價值10美元(約新台幣300元)。值得留意的是，雖然布蘭特原油的最小跳動點數、每一跳動點與紐約輕原油價值相同；但實務上，布蘭特原油期貨盤中波動比紐約輕原油期貨大，所以操作布蘭特特原油期貨時，須更加留意風險控管。

布蘭特原油期貨多頭避險

　　某航運公司需要大量油料維持營運，經營者擔心油價上漲，造成成本提升，使得獲利侵蝕，因此買進布蘭特原油期貨進行多頭避險，買進價格為58.55美元，待價格上漲至60.04美元賣出，獲利了結。忽略交易成本，此筆交易損益計算如下：

買進價格：58.55

賣出價格：60.04

布蘭特原油期貨0.01一跳，1跳10美元，約新台幣300元。

損益計算：(60.04－58.55)/0.01×10＝獲利1490美元，

　　　　　　約台幣44,700元。

布蘭特原油期貨空頭避險

　　某原油開採公司擔心油價下跌，造成獲利減少，因此賣出布蘭特原油期貨，進行空頭避險，賣出價格為59.00美元，待價格下跌至58.24美元買進，獲利了結。忽略交易成本，此筆交易損益計算如下：

買進價格：58.24

賣出價格：59.00

布蘭特原油期貨0.01一跳，1跳10美元，約新台幣300元。

損益計算：(59.00－58.24)/0.01×10＝獲利760美元，
　　　　　　約新台幣22,800元。

布蘭特原油期貨投機交易 (1)

　　A君觀察原油期貨基差(近月期貨價格－遠月期貨價格) 變化，A君發現原油基差由負轉正。A君認為油價漲勢可能會延續，因此買進布蘭特原油期貨，買進價格57.90美元，待油價上漲至58.25美元賣出，獲利了結。忽略交易成本，此筆交易損益計算如下：

買進價格：57.90

賣出價格：58.25

布蘭特原油期貨0.01一跳，1跳10美元，約新台幣300元。

損益計算：(58.25－57.90)/0.01×10＝獲利350美元，
　　　　　　約新台幣10,500元。

布蘭特原油期貨投機交易 (2)

　　A君觀察原油期貨基差(近月期貨價格－遠月期貨價格) 變化，A君發現原油基差由負轉正。A君以傳統基差分析模式分析此一基差變化，因此賣出布蘭特原油期貨57.90美元，無奈趨勢偏多發展，紐約輕原油期貨上升至58.90美元買進，停損出場。忽略交易成本，此筆交易損益計算如下：

買進價格：58.90

賣出價格：57.90

布蘭特原油期貨0.01一跳，1跳10美元，約新台幣300元。

損益計算：(57.90－58.90)/0.01×10＝損失1000美元，

　　　　　　約新台幣30,000元。

CH. 06

貴金屬類──黃金

　　由於黃金的蘊藏量有限，因此極具稀有性；而且它的化學性質不活潑，不易產生氧化，所以易於保存；又因為色澤光亮、延展性佳，常被人們鑄造成為飾品收藏。此外，極佳的導電能力，更被用於工業用途；黃金具有上述特色，從古至今，十分受到重視與喜愛，從飾品、貨幣，工業用途、電子原料等等，皆佔有一席之地。因為需求廣泛與供給稀有，使得黃金期貨成為貴金屬類最受歡迎的商品。

 ## 黃金的供給與需求

　　黃金既然屬於商品，那麼黃金的價格就取決於供給與需求。黃金供給分為：**經常性供給與非經常性供給**。黃金經常性供給是指由產金國探勘、挖掘產出的黃金，這類的供給較為穩定，是主要供給來源；而黃金非經常性供給是指產出的黃金主要來自於回收，由於黃金的延展性和導電性極佳，而且不容易氧化，因此經常用於為工業用途，例如：電路板，就是黃金運用在工業最好的案例。但工業器具會損毀、會跟不上發展而遭到淘汰，此時回收商會將報廢品回收，重新提煉，取得廢品中的黃金。雖然非經常性供給黃金產量並不穩定，但在黃金市場依舊佔有一定的供給量。

　　然而不論是經常性供給或是非經常性供給，除非發生重大礦災造成黃金經常性供給急速下滑，正常情況下，黃金供給量短時間內不易有明顯改變。除了供給量變化不易改變之外，黃金供給的相關數據公布週期較長，數據公布時，對短線影響相當有限，因此對於以短線操作為主的期貨投資人而言，不會特別在意黃金供給情況。

　　黃金需求分成四方面（見表6-1）：
一、珠寶飾品，
二、工業需求，
三、投資與避險EX：金條、金幣、ETF，
四、央行儲備。

表 6-1 以分類來說，對黃金的最大需求是珠寶(飾金)，其次才是投資。

分類	2017		2018		2019	
	需求量 (公噸)	佔比	需求量 (公噸)	佔比	需求量 (公噸)	佔比
珠寶 (飾金)	2236.9	52%	2240.2	51%	2107.0	48%
工業	332.6	8%	334.8	8%	326.6	7%
投資	1318.1	31%	1169.8	27%	1271.7	29%
央行淨購買	378.6	9%	656.2	15%	650.3	15%
黃金總需求	4266.2	100%	4401.0	100%	4355.7	100%

　　這四個面向中，以珠寶飾品為最大宗，占比約五成多；其次是投資需求約二成多。不過雖然珠寶飾品(飾金)是黃金需求大戶，但由於純金較軟，所以必須經過加工增加硬度才能塑形，因

此已不是純金，而且通常以零售為主，難以正確反映金價，所以飾金直接且迅速影響金價變化的能力有限，因此通常所謂討論金價大多著眼於投資與避險需求。

　　從前文敘述可以看出，黃金期貨投資人最在意的是市場大戶對黃金投資需求變化，因此要了解金價短線走勢，必須從大戶心態著手，這些都可以從選擇權OI、CFTC統計與黃金ETF變化看出端倪。

 ## 運用選擇權，判斷大戶怎麼操作？

　　要從選擇權了解大戶佈局心態，首先必須清楚選擇權佈局四面向（見表6-2），以及選擇權未平倉(選擇權OI)如何解讀。特別提醒投資人：佈局選擇權四面向時，無論買方買進買權，或是買進賣權，只需要支付少許的權利金就可進行佈局，而且買方承受風險有限，最大損失就是投入的權利金。佈局選擇權分成四個要素：**買進**、**賣出**、**買權與賣權**。預期行情大漲買進買權，預期大跌買進賣權，小漲則賣出賣權，小跌則賣出買權。

表 6-2　選擇權佈局分為四個象限，可以利用正負號判斷部位多空。

	買權（CALL）＋	賣權（PUT）－
買進＋	多（＋,＋）	空（－,＋）
賣出－	空（＋,－）	多（－,－）

　　由於選擇權買方有上述特點，因此選擇權買方交易一直是小資族佈局首選。而相對於選擇權買方交易，選擇權賣方需要支付較高的權利金，而且必須承受有限獲利與無限風險，然而好處是，賣方以佈局與時間為重點，只要行情不突破，就有機會獲利，而且賣方佈局勝率遠勝於買方，是投資大戶常用的佈局方式。

　　什麼是選擇權未平倉(選擇權OI，Open Interest)呢？必須先了解商品未平倉的含義，以及與投資人未平倉的不同：

商品未平倉：包括選擇權各履約價未平倉，所謂商品未平倉是指全市場多、空部位集合計算，一買一賣形成一個OI，而且商品未平倉只有正值，每1口商品未平倉背後是顯示多方與空方的拉鋸。

投資人未平倉：是指觀察投資人手上持有的部位，因此投資人未平倉有正、負號。

選擇權各履約價未平倉：屬商品未平倉，因此選擇權各履約價未平倉同樣含有商品未平倉特色。但是雖然選擇權各履約價未平倉具有商品未平倉的特色，不過因為選擇權各履約價未平倉有四種不同佈局模式，因此選擇權各履約價未平倉是具有不同於商品未平倉的獨特性。

1口商品未平倉：是由一多一空組成，在一般情況下，1口多單與1口空單所付出的成本與所承受的風險是相同的；也就是說1口商品未平倉最多只能解讀為多空拉鋸力增加，一般商品未平倉無法判斷多空。值得留意的是，選擇權各履約價未平倉因佈局方式不同，選擇權各履約價未平倉有別於一般商

品未平倉，因此**可以利用選擇權各履約價未平倉判斷多空**。

再次歸納前文的重點：

一、買方不論是買進買權或買進賣權，只需支付少許權利金就可進行佈局，

二、買方承受風險有限，最大損失就是投入的權利金，因此成為小資族佈局首選；

三、賣方佈局與時間為重點，只要行情不突破就有機會獲利，

四、賣方佈局勝率遠勝於買方，是投資大戶常用的佈局方式，

五、參與者不同，使得選擇權各履約價未平倉能判讀多空。

利用選擇權各履約價未平倉判讀多空時，應站在**賣方大戶**角度進行思考：

一、賣權未平倉視為賣出賣權，因此賣權未平倉可解讀為支撐力道；

二、相反的，買權未平倉則視為賣出買權，因此買權未平倉可解讀為反壓力道。

三、賣權最大未平倉坐落的履約價就是結算前最強力的支撐；

四、買權最大未平倉坐落的履約價為短線天花板最大賣壓。

以大家較為熟悉的台指選擇權為例：

履約價9300買權未平倉51219口，表示9300有51219口賣壓。

履約價8900賣權未平倉45687口，表示8900有45678口支撐。

買權未平倉越多，反壓越重；賣權未平倉多，支撐力道越強。

如圖6-3：

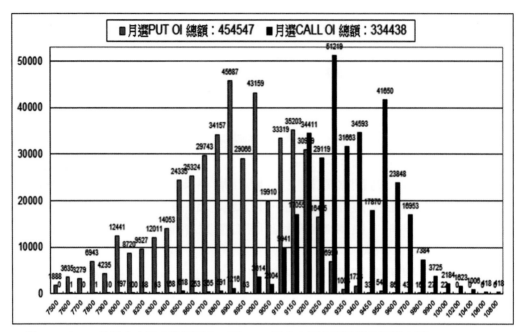

圖 6-3　CALL 的最大未平倉表示壓力，而 PUT 最大未平倉則是代表下檔支撐。

　　同樣情況，判斷金價支撐與反壓，可以利用黃金選擇權未平倉判斷。既然黃金選擇權未平倉能推測出大戶動態，那麼追蹤選擇權未平倉變化就成為重要關鍵，要如何追蹤選擇未平倉就成為一定要做的事。

　　黃金選擇權由芝加哥商品交易所（ＣＭＥ）發行，因此黃金選擇權未平倉可以至ＣＭＥ官網查詢。不論是哪種瀏覽器，微軟ＩＥ、火狐(Fire FOX)，或是 Google Chrome，在關鍵字鍵入：ＣＭＥ option report通常會排在搜尋結果第一選項。點入後隨即進入查詢頁面，下滑至頁面中段，可以看到長條圖（見圖6-4）。

出貨日期：2024/04/16　　訂單編號：202404164985301

客戶：***　　　　　　　　出貨單號：202404164985301

配送通路：門市

項次	商品碼	品名	數量
1	2681885391001	海期致勝關鍵	1
		合計：	1

⚠ 提醒!防詐騙3要訣
1.不聽信 / 2.不操作 / 3.掛斷電話

📄 訂單付款成功後電子發票將自動以e-mail
方式發送至會員信箱中，不隨貨提供紙本。
如有個人二聯紙本發票需求，請另行申請。

▪◆ 退貨說明
7日內線上申請→保持原包裝完整→專人取件
或7-11退貨便→依付款方式辦理退款

誠品線上超值優惠，每月與您共 5 ●●●●●●●●

每月 5日	每月 15日	每月 25日	每月 30日
會員日	風格選物日	外文日	黑卡會員日
圖書全面79折起 非書全面85折起	非書全面5折起 滿$1,330再享折扣	全面66折起 滿$1,200折$120	點點誠金 誠品點數3倍送

※ 部份商品除外，詳細優惠請見誠品線上網站或致電誠品客服服務專線。

【溫馨提醒】

🚫 若有自稱是誠品的人員，以關心、道歉、問候來電表達您有個資洩漏問題……

🚫 若以會員升降級、誤扣款項、服務問題等詢問誘導操作ATM、網銀、手機按鍵……

🚫 若要求聯絡銀行、刑事局來電欲為您解決問題……

不聽信！不操作！請直接掛斷電話

誠品線上致力保護您的資料安全，由於詐騙手法日新月異，若有任何疑問，請立即致電誠品客服確認。

服務專線：0800-666-798．服務時間：週一至週五08:00-19:00．週六～週日及國定例假日09:00-18:00．謝謝您對誠品的支持．敬祝您健康平安！

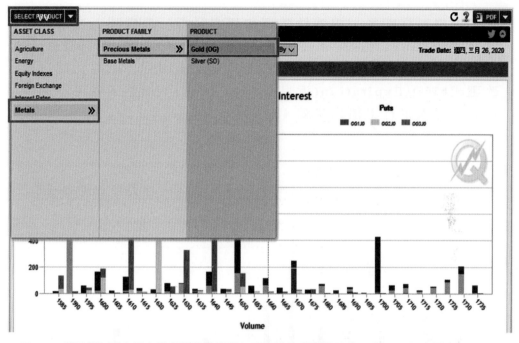

圖 6-4　利用芝加哥商品交易所提供的資訊，查詢黃金選權最大未平倉。　(資料來源 CFME)

◎長條圖的左上方有一個SELECT PRODUCT（選擇產品）的
　欄位，在SELECT PRODUCT（選擇產品）旁邊有一個向下
　三角形的下拉選單，下拉後會有三個子選項：ASSET CLASS
　（資產類別）、 PRODUCT FAMILY（產品系列）、
　PRODUCT（產品）出現。

◎在第一個子選項ASSET CLASS（資產類別）中，有
　Agriculture（農產品）、Energy（能源）、Equity Indexes
　（股票指數）、Foreign Exchange（外匯）、Interest Rates
　（利率）、Metals（金屬）。

◎請選擇Metals（金屬），此時第二個子選項中會出現兩個選
　擇分別是，PreciousMetals（貴金屬）與Base Metals（基礎
　金屬），選擇 Precious Metals（貴金屬）。

◎接下來第三個子選項出現Gold（黃金）、Silver（銀），

◎選擇Gold（黃金）就可以取得黃金選擇權未平倉長條圖。

　　出現長條圖後，接著做微調和圖表分析。長條圖上方中間位置有個Settings（設定）下拉式選單，從下拉選單的Expiration Filter再次下拉，由先前設定值All Expirations（所有到期日）改選成First Expiration(近月hottest DTE)；調整後就可以顯現黃金近月未平倉累積長條圖（見圖6-5）。

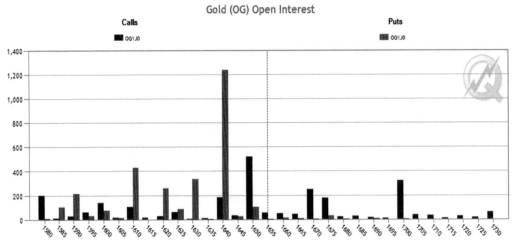

圖 6-5　與台指選分析方式相同，CALL 最大未平倉是上檔反壓區，而 PUT 最大未平倉則是下檔支撐區。(資料來源 CFME)

◎長條圖橫軸是黃金選擇權履約價，縱軸是平倉口數，藍色長條為Call買權，土黃色長條為Put賣權，紅色虛線為價平位置。
◎藍色長條圖越長，代表所對應的履約價反壓越重。
◎土黃色長條圖越長，代表所對應的履約價支撐越強。
◎找出長條圖中，最長的兩條藍色與土黃色所對應的履約價，就是結算前金價震盪區間上緣與下緣。

※文中所述顏色以實際操作時，螢幕呈現為主，非本書所呈現的顏色。

要提醒的是，選擇權未平倉不會一成不變，隨著時間與行情變化，賣方大戶也會調整部位；當調整部位時，該履約價的支撐或反壓也會有所改變。因此**分析支撐與壓力除了要注意買權、賣權最大未平倉以後的短線支撐與反壓，還要注意未平倉變化情況**。

如果買權（Call）未平倉不斷提高，即使價格離買權最大未平倉坐落的履約價還有距離，仍應持續偏空操作；相反的，賣權（PUT）未平倉不斷提高，即使價格離賣權最大未平倉坐落的履約價還有距離，仍應持續偏多操作。除了需留意最大未平倉外，**未平倉變化也是分析重點**。

大戶籌碼：Commitments of Traders(COT)報告分析

金融操作分析大致可分三大塊，分別是：基本分析、技術分析與籌碼分析。筆者的前一本著作《戰勝期貨》提到操作金融商品，除了利用過去軌跡研判後續走勢外，是否獲利還有另一個關鍵：「能否踩在巨人的肩膀上就是研判軌跡外，另一個獲利的關鍵要素，是持有較多籌碼者，就是該商品的巨人。」因此操作金融商品正確的**籌碼分析**是相當重要的一環。此外，投資台股的投資人會去關注外資、自營商與投信佈局模式，證明了跟隨大戶是站在巨人肩膀上的重要性。

本書第一章〈海期起手勢〉提到：海期短線走勢觀察，基本面(含消息)的影響力大於技術面，技術面大於籌碼面。雖然操作海期三大分析中，籌碼面分析重要性被放在基本面與技術面後面，但不代表海期籌碼面分析不重要。台灣期貨交易所每天收盤後會公布外資、自營商、投信三大法人與十大交易人每日佈局，

以及總體未平倉變化。而海期則是由美國商品期貨交易委員會
(U.S.Commodity Futures Trading Commission，CFTC)每星
期公布大額交易人佈局情況。

美國商品期貨交易委員會（CFTC）成立於1974年的獨立機
構，主要職責和作用是：
一、負責監管美國商品期貨、期權和金融期貨、期權市場，保護
　　市場參與者和公眾不受商品和金融期貨、期權有關的詐騙、
　　市場操縱，以及不正當經營等活動的侵害，
二、保障期貨和期權市場的開放性、競爭性的和財務的可靠性。

Commitments of Traders（COT）就屬於這個委員會公布
的監管報告。公布時間是每星期五下午。曾在2009年9月進行改
版，此次改版調整舊版公布內容與分類，並將報告分成**長格式與
短格式**兩種。值得留意的是，舊版內容仍隱含在短格式內，換句
話說，即使改版了，當CFTC公布Commitments of Traders
時，新、舊兩版會同時公布。接下來，筆者說明長格式與短格式
的差異與解讀方式（見圖6-6、6-7）。

長格式 COT 報告

長格式COT報告先將市場區分為：Reportable Positions和
Nonreportable Positions（見圖6-8）。
Reportable Positions：市場大多翻譯為：**可報告之頭寸**，但更
　　精準應翻譯為：**值得報告部位**，這是更貼近口語的講法；
　　Reportable Positions須特別注意的大戶部位。

Nonreportable Positions：市場大多翻譯為：**不可報告之頭
　　寸**，更精準應翻譯為：**不值得報告部位**，是更貼近口語的講
　　法，Nonreportable Positions是重要度較低的散戶部位。

PALLADIUM - NEW YORK MERCANTILE EXCHANGE   Code-075651
Disaggregated Commitments of Traders - Futures Only, March 24, 2020

	Reportable Positions											Nonreportable Positions	
	Producer/Merchant/ Processor/User		Swap Dealers			Managed Money			Other Reportables				
Open Interest	Long	Short	Long	Short	Spreading	Long	Short	Spreading	Long	Short	Spreading	Long	Short

: (CONTRACTS OF 100 TROY OUNCES)
Positions

All: 8,237	1,340	2,928	2,227	1,051	305	2,236	1,483	467	441	903	41	1,180	1,059
Old: 8,237	1,340	2,928	2,227	1,051	305	2,236	1,483	467	441	903	41	1,180	1,059
Other: 0	0	0	0	0	0	0	0	0	0	0	0	0	0

Changes in Commitments from: March 17, 2020

-1,319: 140	-322	29	-414	-82	-1,066	-413	-261	-140	171	0	61	2	

Percent of Open Interest Represented by Each Category of Trader

All: 100.0	16.3	35.5	27.0	12.8	3.7	27.1	18.0	5.7	5.4	11.0	0.5	14.3	12.9
Old: 100.0	16.3	35.5	27.0	12.8	3.7	27.1	18.0	5.7	5.4	11.0	0.5	14.3	12.9
Other: 100.0	0.0	0.0	0.0	0.0	0.0	0.0	0.0	0.0	0.0	0.0	0.0	0.0	0.0

Number of Traders in Each Category

All: 85	13	16	11	8	7	22	8	5	4	10
Old: 85	13	16	11	8	7	22	8	5	4	10
Other: 0	0	0	0	0	0	0	0	0	0	0

Percent of Open Interest Held by the Indicated Number of the Largest Traders

	By Gross Position				By Net Position			
	4 or Less Traders		8 or Less Traders		4 or Less Traders		8 or Less Traders	
	Long	Short	Long	Short	Long	Short	Long	Short
All:	22.7	42.4	38.8	52.9	22.0	35.9	36.5	45.5
Old:	22.7	42.4	38.8	52.9	22.0	35.9	36.5	45.5
Other:	0.0	0.0	0.0	0.0	0.0	0.0	0.0	0.0

PLATINUM - NEW YORK MERCANTILE EXCHANGE   Code-076651
Disaggregated Commitments of Traders - Futures Only, March 24, 2020

圖 6-6 長格式 COT 報告。(資料來源 CFTC)

Disaggregated Commitments of Traders-All Futures Combined Positions as of March 24, 2020
Reportable Positions

Producer/Merchant Processor/User		Swap Dealers			Managed Money			Other Reportables		
Long	Short	Long	Short	Spreading	Long	Short	Spreading	Long	Short	Spreading

PALLADIUM - NEW YORK MERCANTILE EXCHANGE　(CONTRACTS OF 100 TROY OUNCES)
CFTC Code #075651　　　　Open Interest is　　8,237

Positions										
1,340	2,928	2,227	1,051	305	2,236	1,483	467	441	903	41
Changes from: March 17, 2020										
140	-322	29	-414	-82	-1,066	-413	-261	-140	171	0
Percent of Open Interest Represented by Each Category of Trader										
16.3	35.5	27.0	12.8	3.7	27.1	18.0	5.7	5.4	11.0	0.5
Number of Traders in Each Category							Total Traders:	85		
13	16	11	8	7	22	8	5	4	10	.

Disaggregated Commitments of Traders-All Futures Combined Positions as of March 24, 2020

圖 6-7　短格式 COT 報告。(資料來源 CFTC)

PALLADIUM - NEW YORK MERCANTILE EXCHANGE
Disaggregated Commitments of Traders - Futures Only, March 24, 2020

Code-075651

	Open Interest	Producer/Merchant/Processor/User Long	Short	Reportable Positions Swap Dealers Long	Short	:Spreading	Managed Money Long	Short	:Spreading	Other Reportables Long	Short	:Spreading	Nonreportable Positions Long	Short
(CONTRACTS OF 100 TROY OUNCES) Positions														
All	8,237	1,340	2,928	2,227	1,051	305	2,236	1,483	467	441	903	41	1,180	1,059
Old	8,237	1,340	2,928	2,227	1,051	305	2,236	1,483	467	441	903	41	1,180	1,059
Other	0	0	0	0	0	0	0	0	0	0	0	0	0	0

Changes in Commitments from: March 17, 2020

	-1,319	140	-322	29	-414	-82	-1,066	-413	-261	-140	171	0	61	2

Percent of Open Interest Represented by Each Category of Trader

All	100.0	16.3	35.5	27.0	12.8	3.7	27.1	18.0	5.7	5.4	11.0	0.5	14.3	12.9
Old	100.0	16.3	35.5	27.0	12.8	3.7	27.1	18.0	5.7	5.4	11.0	0.5	14.3	12.9
Other	100.0	0.0	0.0	0.0	0.0	0.0	0.0	0.0	0.0	0.0	0.0	0.0	0.0	0.0

Number of Traders in Each Category

All	85	13	16	8	8	7	22	8	5	4	10	.		
Old	85	13	16	8	8	7	22	8	5	4	10	.		
Other	0	0	0	0	0	0	0	0	0	0	0	0		

Percent of Open Interest Held by the Indicated Number of the Largest Traders

	By Gross Position 4 or Less Traders Long	Short	8 or Less Traders Long	Short	By Net Position 4 or Less Traders Long	Short	8 or Less Traders Long	Short
All	22.7	42.4	38.8	52.9	22.0	35.9	36.5	45.5
Old	22.7	42.4	38.8	52.9	22.0	35.9	36.5	45.5
Other	0.0	0.0	0.0	0.0	0.0	0.0	0.0	0.0

PLATINUM - NEW YORK MERCANTILE EXCHANGE
Disaggregated Commitments of Traders - Futures Only, March 24, 2020

Code-076651

圖 6-8　長格式 COT 報告先將市場參予者分兩類：值得報告部位與不值得報告部位。(資料來源 CFTC)

在Reportable Positions 須特別注意的大戶部位項下，又分出四個子選項（見圖6-9）：

一、Producer/Merchant/Processor/User統稱現貨商，

二、Swap Dealers交換自營商，

三、Managed Money資產管理公司，

四、Other reportables其他值得記錄的部位。

一、Producer/ Merchant / Processor / User統稱現貨商：
這四種市場參與者統稱為現貨商，現貨商人包括：原料生產者與原料加工者，現貨商會持有期貨或是選擇權部位，主要是避免原料價格波動。原料生產者擔心價格下跌，使用空頭避險；原料加工者擔心原料上漲，以多頭避險為主。

二、Swap Dealers 交換自營商：所謂交換交易泛指各種涉及交換現金流的金融交易，主要類型為貨幣交換與利率交換。**交換是彈性很高的金融合約，能按照交易兩方的需要量身訂作，可用來控管匯率或利率風險，也可用於投機。**交換自營商利用期貨或選擇權，為客戶客製化所需商品，同時建立反向部位做為避險。交換自營商的佈局模式與生產者相似，屬於被動佈局。

三、Managed Money 資產管理公司：募集資金投資金融商品，投資標的廣泛，其中包括期貨與選擇權。值得留意的是，資產管理公司投資方式與生產者和交換自營商不同。生產者和交換自營商投資主要是被動避險佈局，但資產管理公司則是主動積極佈局各項金融商品。

PALLADIUM - NEW YORK MERCANTILE EXCHANGE
Disaggregated Commitments of Traders - Futures Only, March 24, 2020   Code-075651

(CONTRACTS OF 100 TROY OUNCES)

	Open Interest	Producer/Merchant/ Processor/User		Swap Dealers			Managed Money			Other Reportables			Nonreportable Positions	
		Long	Short	Long	Short	Spreading	Long	Short	Spreading	Long	Short	Spreading	Long	Short
Positions														
All	8,237	1,340	2,928	2,227	1,051	305	2,236	1,483	467	441	903	41	1,180	1,059
Old	8,237	1,340	2,928	2,227	1,051	305	2,236	1,483	467	441	903	41	1,180	1,059
Other	0	0	0										0	0

Changes in Commitments from: March 17, 2020

-1,319	140	-322	29	-414	-82	-1,066	-413	-261	-140	171	0	61	2	

Percent of Open Interest Represented by Each Category of Trader

All	100.0	16.3	35.5	27.0	12.8	3.7	27.1	18.0	5.7	5.4	11.0	0.5	14.3	12.9
Old	100.0	16.3	35.5	27.0	12.8	3.7	27.1	18.0	5.7	5.4	11.0	0.5	14.3	12.9
Other	100.0	0.0	0.0	0.0	0.0	0.0	0.0	0.0	0.0	0.0	0.0	0.0	0.0	0.0

Number of Traders in Each Category

All	85	13	16	11	8	7	22	8	5	4	10	.	.	.
Old	85	13	16	11	8	7	22	8	5	4	10	.		
Other	0													

Percent of Open Interest Held by the Indicated Number of the Largest Traders

	By Gross Position				By Net Position			
	4 or Less Traders		8 or Less Traders		4 or Less Traders		8 or Less Traders	
	Long	Short	Long	Short	Long	Short	Long	Short
All	22.7	42.4	38.8	52.9	22.0	35.9	36.5	45.5
Old	22.7	42.4	38.8	52.9	22.0	35.9	36.5	45.5
Other	0.0	0.0	0.0	0.0	0.0	0.0	0.0	0.0

PLATINUM - NEW YORK MERCANTILE EXCHANGE
Disaggregated Commitments of Traders - Futures Only, March 24, 2020   Code-076651

圖 6-9　值得報告部位分成四類：現貨商、交換自營商、資產管理公司與其他值得記錄的部位。（資料來源 CFTC）

四、Other Reportables其他值得記錄的部位：有一些值得被記錄的大戶，但不屬於上述三類投資人，這些大戶的佈局情況會被記錄在這個項目。值得留意的是，這些大戶的佈局模式與資產管理公司的佈局模式相同，對**短線**走勢有顯著影響。

了解分類方式後，說明表格內較為重要的英文字

OpenInterest：**未平倉**。市場習慣簡稱OI，報告中紀錄的Open Interest是該商品累積未平倉變化情況。再次複習，一多一空組成 1口商品未平倉。在一般情況下，1口多單與1口空單所付出的成本與所承受的風險相同；也就是說，1口商品未平倉最多只能解讀為多空拉鋸力增加，除了選擇權未平倉，一般期貨商品未平倉無法判斷多空。

Long：**多方部位**。

Short：**空方部位**。

Spreading：**雙向持倉**。投資人同時持有多方與空方部位，稱為雙向持倉，舉例來說：A投資公司買進100口黃金期貨，同時放空100黃金期貨，此時A投資公司被記錄100口 Spreading。值得留意的是，Producer/Merchant/Processor/ User 現貨商不會有 Spreading雙向持倉，其原因在於現貨商要不是原料供應者，就是原料需求者，所以只需單向空頭避險或多頭避險，不會有Spreading雙向持倉。

A11：**持倉(未平倉)口數**。特定一個時間點參與者持有口數，此一數值屬存量，可以解讀為參與者對長線看法。參與者未平

倉與先前提到的商品未平倉(OI)不同，參與者未平倉可分類多、空，本段提到的Long多方部位與Short空方部位，就是為了將參與者持有部位多、空分類。Long多方部減Short空方部，就可以判斷參與者佈局傾向。

Changes in Commitments from＋特定日期：與特定日期相比。 有存量 (持倉未平倉口數)就會有流量變化，Changes in Commitments from＋特定日期公布時，未平倉口數與特定日期未平倉口數相比，Commitments of Traders報告每星期公布一次，因此Changes in Commitments from＋特定日期所呈現的數值，顯示上星期市場參與者對持有部位調控情況，該數值表現出參與者對短線走勢看法。

數值解讀方式與A11持倉(未平倉)口數相同，Long多方部減Short空方部位，值得留意的是，Changes in Commitments from＋特定日期所揭露的數值有正、負與A11持倉(未平倉)口數，數值只有正數不同。Long多方部位呈現負數，代表參與者多單減碼，偏空佈局；相反的，Short空方部位呈現負數，代表參與者空單回補，偏多佈局。

（見圖6-10）

短格式 COT 報告

短格式報告欄位內容與長格式報告欄位內容大致相同，兩項報告之間最大的差異在於分類方式，而這個差異點正是以下內容的重點。

PALLADIUM - NEW YORK MERCANTILE EXCHANGE
Disaggregated Commitments of Traders - Futures Only, March 24, 2020

Code-075651

(CONTRACTS OF 100 TROY OUNCES)

	Open Interest	Producer/Merchant/Processor/User		Swap Dealers			Managed Money			Other Reportables			Nonreportable Positions	
		Long	Short	Long	Short	Spreading	Long	Short	Spreading	Long	Short	Spreading	Long	Short
Positions														
All	8,237	1,340	2,928	2,227	1,051	305	2,236	1,483	467	441	903	41	1,180	1,059
Old	8,237	1,340	2,928	2,227	1,051	305	2,236	1,483	467	441	903	41	1,180	1,059
Other	0	0	0	0	0	0	0	0	0	0	0	0	0	0

Changes in Commitments from: March 17, 2020

	-1,319	-322	110	29	411	82	-1,066	-413	-261	-140	171	0	61	2

Percent of Open Interest Represented by Each Category of Trader

	100.0	16.3	35.5	27.0	12.8	3.7	27.1	18.0	5.7	5.4	11.0	0.5	14.3	12.9
All	100.0	16.3	35.5	27.0	12.8	3.7	27.1	18.0	5.7	5.4	11.0	0.5	14.3	12.9
Old	100.0	16.3	35.5	27.0	12.8	3.7	27.1	18.0	5.7	5.4	11.0	0.5	14.3	12.9
Other	0.0	0.0	0.0	0.0	0.0	0.0	0.0	0.0	0.0	0.0	0.0	0.0	0.0	0.0

Number of Traders in Each Category

	85	13	16	11	8	7	22	8	5	4	10	.		
All	85	13	16	11	8	7	22	8	5	4	10	.		
Old	85	13	16	11	8	7	22	8	5	4	10	.		
Other	0	0	0	0	0	0	0	0	0	0	0	0		

Percent of Open Interest Held by the Indicated Number of the Largest Traders

	By Gross Position				By Net Position			
	4 or Less Traders		8 or Less Traders		4 or Less Traders		8 or Less Traders	
	Long	Short	Long	Short	Long	Short	Long	Short
All	22.7	42.4	38.8	52.9	22.0	35.9	36.5	45.5
Old	22.7	42.4	38.8	52.9	22.0	35.9	36.5	45.5
Other	0.0	0.0	0.0	0.0	0.0	0.0	0.0	0.0

PLATINUM - NEW YORK MERCANTILE EXCHANGE
Disaggregated Commitments of Traders - Futures Only, March 24, 2020

Code-076651

圖 6-10　長格式 COT 報告常見單字，長格式 COT 報告中包含存量與流量變化。(資料來源 CFTC)

在長格式ＣＯＴ報告中，可以看到它是先將市場區分為Reportable Positions與Nonreportable Positions；再從Reportable Positions分出四個子項：

一、Producer/Merchant/Processor/User統稱現貨商，

二、Swap Dealers交換自營商，

三、Managed Money資產管理公司，

四、Other reportables其他值得記錄的部位。

短格式ＣＯＴ報告則省略了Reportable Positions與Nonreportable Positions兩大項目，是直接將市場區分簡化成四類：

一、Producer/Merchant/Processor/User統稱現貨商，

二、Swap Dealers交換自營商，

三、Managed Money資產管理公司，

四、Other reportables其他值得記錄的部位（見圖6-11）。

在長格式ＣＯＴ報告中，筆者曾提到：

◎Producer/Merchant/ Processor / User與Swap Dealers的佈局方式，以被動避險為主，對市場影響相對較小；

◎Managed Money 與 Other Reportables的佈局方式，以積極主動單向佈局，對市場影 響相對較大。

因此投資人針對佈局特性與對解讀報告差異，焦點大多落在Managed Money與Other Reportables這兩類的市場參與者的籌碼變化，而市場也對這兩類佈局稱Managed Money 與 Other Reportables為聰明財。

Disaggregated Commitments of Traders-All Futures Combined Positions as of March 24, 2020
Reportable Positions

Producer/Merchant : Processor/User Long : Short		Swap Dealers Long : Short : Spreading			Managed Money Long : Short : Spreading			Other Reportables Long : Short : Spreading		

PALLADIUM - NEW YORK MERCANTILE EXCHANGE (CONTRACTS OF 100 TROY OUNCES)
CFTC Code #075651　Open Interest is 8,237

Positions										
1,340	2,928	2,227	1,051	305	2,236	1,483	467	441	903	41
Changes from: March 17, 2020										
140	-322	29	-414	-82	-1,066	-413	-261	-140	171	0
Percent of Open Interest Represented by Each Category of Trader										
16.3	35.5	27.0	12.8	3.7	27.1	18.0	5.7	5.4	11.0	0.5
Number of Traders in Each Category									Total Traders: 85	
13	16	11	8	7	22	8	5	4	10	.

Disaggregated Commitments of Traders-All Futures Combined Positions as of March 24, 2020

圖 6-11　短格式 COT 報告，其中資產管理公司與其他值得記錄的部位被市場稱為聰明財。（資料來源 CFTC）

舊版COT報告

舊版COT報告將紀錄對象分成三類：

一、commercial商業端，

二、non-commercial非商業端，

三、non-reportable positions不值得報告倉位。

在commercial商業端項下有兩個子項：

◎Producer/ Merchant/ Processor/User，

◎Swap Dealersnon-commercial。

在non-commercial非商業端項下有兩個子項：

◎Managed Money，

◎Other Reportables 。

從分類情況來看，舊版COT報告與現行短格式報告相當接近，先前提到舊版COT報告隱含在現行短格式報告的原因就在這裡。此外，新版COT報告不論長格式報告或短格式報告都不再使用commercial商業端與non-commercial非商業端這兩個類別做分類，但市場依舊喜歡稱commercial商業端與non-commercial非商業端，所以舊版COT報告的分析方式仍被延用。

追蹤市場投資需求：SPDR黃金ETF*

ETF（Exchange Traded Funds，ETF）是指數型證券投資信託基金，它是將固定收益證券、債券、商品和貨幣或指數證券化，投資人不以傳統方式直接進行一籃子證券投資，而是透過持有代表指數標的證券權益的受益憑證來間接投資。ETF基金以持有與指數相同的證券為主，分割成許多單價較低的投資單位，發行受益憑證。

ETF商品將指數的價值，由傳統的證券市場漲跌指標，轉變為具有流動性的資本證券，指數成分股票的管理由專業機構進行，指數變動的損益直接反映在憑證價值的漲跌中。因此只會因為連動指數成分股內容，以及權重改變而調整投資組合的內容或是比重，以符合「被動式管理」的目的。

雖然絕大多數ETF的指數成分是股票，但基於固定收益證券、債券、商品和貨幣的ETF也在發展中。對於投資者來說，ETF的交易費用和管理費用都很低廉，持股組合比較穩定，風險往往比較分散，而且流動性很高，單筆投資便可獲得多元化投資效果，節省大量時間和金錢。

投資人可以透過兩種方式購買ETF：
一、在證券市場收盤之後，按照當天的基金淨值向基金發行商購買（同開放式共同基金）；
二、在證券市場上直接向其他投資者購買（同封閉式共同基

---

*　SPDR黃金ETF（Standard & Poor's Depositary Receipts 黃金ETF）是全球最大的黃金ETF基金。

金），購買的價格由買賣雙方共同決定。

三、實務上，直接在證券市場上向其他投資者購買（同封閉式共同基金）較為常見。

　　談到黃金投資，多數人的直覺會想到買進實體黃金，或是利用黃金期貨和黃金選擇權，進行黃金投資。但除了上述投資黃金的管道之外，還有一個重要管道，可直接佈局黃金，而且這項商品的淨額變化，足以顯示市場對金價看法，這項商品就是**黃金ETF**。在台灣，買賣黃金ETF需要透過委託較為不便，不過利用黃金ETF淨值變化，分析黃金未來趨勢卻相當重要，即使不投資黃金ETF，也要了解黃金ETF淨值走勢。

　　黃金ETF是大部分基金財產以黃金為基礎資產進行投資，緊密跟蹤黃金價格，並在證券交易所上市的開放式基金。由黃金生產商向基金公司寄售實物黃金，隨後基金公司以此實物黃金為依託，在交易所內公開發行基金份額，銷售給各類投資者，至於商業銀行則是擔任基金託管行和實物保管行，投資者在基金存續期間內可以自由贖回。

　　其中由世界黃金信託服務公司（World Gold Trust Services）贊助，道富環球投資諮詢公司在紐約證券交易所掛牌交易的SPDR黃金ETF是目前規模最大的黃金ETF，除了規模最大外，SPDR黃金ETF基金成分100%實體黃金，更能正確顯示黃金市場價格，以及市場對黃金的需求變化，這與市場上以基金成分含有黃金公司的黃金ETF不同。

SPDR黃金ETF持倉淨額 (公噸)

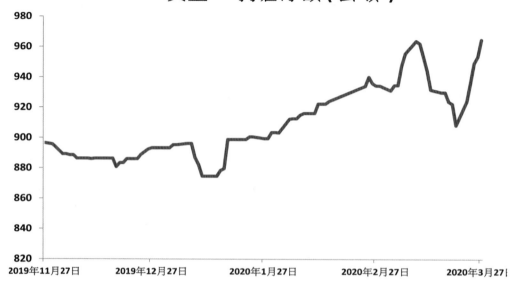

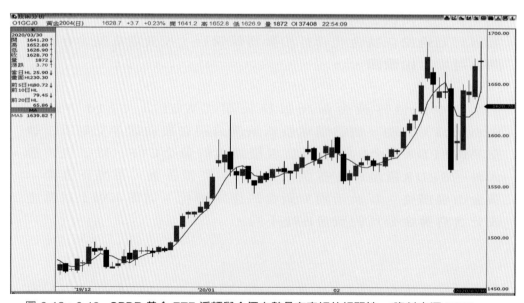

圖 6-12、6-13　SPDR 黃金 ETF 淨額與金價走勢具有密切的相關性。(資料來源 DQ2)

　　由於SPDR黃金ETF是全球最大黃金ETF，而且基金成份100％實體黃金，因此該檔ETF持倉淨額變化就成為判斷金價多、空趨勢重要依據。當SPDR黃金ETF持倉淨額增加，代表市場對於黃金的需求量增加，需求提升為價格帶來推升動能；反之，當SPDR黃金ETF持倉淨額減少，顯示市場對黃金的需求量下降，需求降低時，價格恐弱勢壓回（見圖6-12、6-13）。了解數據分析方式後，下一個重點是如何獲取第一手資料。

　　不論是哪種瀏覽器，微軟IE、火狐（ Fire FOX ）或是Google Chrome搜尋關鍵字鍵入SPDR黃金ETF都可以找到不少相關性網頁，不過這些網頁內容大多都是第二或第三手資料。基於資料正確性與網路使用安全，在查詢SPDR黃金ETF持倉淨額時，建議回到該ETF官網查詢。搜尋關鍵字spdrgold share，正常情況下，出現收尋結果的第一個選項就是SPDR黃金ETF官方網站（見圖6-14）。

　　或者可以直接輸入https://www.spdrgoldshares.com/進入首頁後，點擊 SPDR® Gold Shares (NYSEArca:GLD)（見圖6-15），該字串字體顏色呈現黃色，與無法點擊的黑色字不同。點擊後出現新網頁。

◎點選網頁右邊子選項Financialinformation（見圖6-16），

◎網頁會出現許多有關SPDR黃金ETF訊息，包括：

　　＊這檔ETF報價、

　　＊這檔ETF基金每一最小購買單位內容、

　　＊這該檔ETF基金總體規模。

◎網頁的Trust Information(信託資訊)中，Tonnes(公噸)就是SPDR黃金ETF持倉淨額（見圖6-17）。

◎官網每天更新兩次，實務上，會以每天最後一次更新做為判斷金價未來表現的依據。

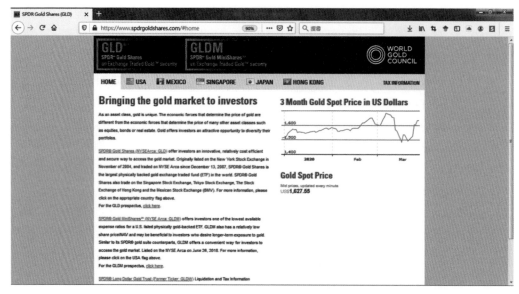

圖 6-14　SPDR 黃金 ETF 官方網站首頁。(資料來源 SPDR 黃金 ETF 官方網站)

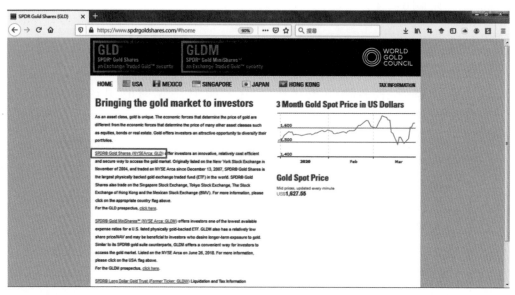

圖 6-15　進入 SPDR 黃金 ETF 官方網站首頁後，點選 SPDR® Gold Shares
　　　　　(NYSEArca:GLD)。(資料來源 SPDR 黃金 ETF 官方網站)

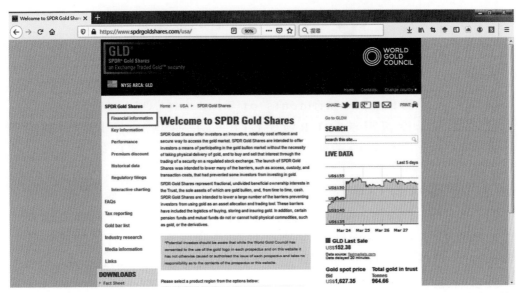

圖 6-16　開啟後，選擇左邊子選項 Financial information。(資料來源 SPDR 黃金 ETF 官方網站)

圖 6-17　右下角 Tonnes(公噸)就是 SPDR 黃金 ETF 持倉淨額。(資料來源 SPDR 黃金 ETF 官方網站)

其他影響金價的數據

本章一開始介紹黃金供給與需求時，提到對金價最直接影響的要素是投資與避險需求，接下來介紹運用選擇權判斷大戶怎麼操作、大戶籌碼 Commitments of Traders(COT)報告分析，以及追蹤市場投資需求SPDR黃金ETF，這些內容主要是探討黃金投資需求，但是對於黃金避險需求卻不容易從上述內容中發現。

要了解黃金避險需求最直接的方式就是觀察**恐慌指數***(Volatility Index ,VIX)。依據Black-Scholes期權定價模型的公式，可以算出買權價格，換句話說，如果知道買權價格，也可以回推出買權的隱含波動率**（Implied Volatility），至於賣權隱含波動率只要加入買權賣權平價理論$C-P=S-K(1+r)^{-T}$一樣可以回推賣權隱含波動率。

了解隱含波動率算法後，就可以發現隱含波動率與買權及賣權的價格呈現正相關，因此就不考慮其他因素了。**隱含波動率增加，賣權及買權價格也回隨之提高**。然而對多、空價格都能有正向影響最主要的因素，仍然要歸咎於**市場上的追價力道**，所以隱含波動率可以視為買方願意追價的力道。

選擇權買方佈局主要是避險及投機，因此買方追價力道顯示出市場的熱度或是恐慌程度。當買權隱含波動率上升，投資人投

---

*　恐慌指數或稱波動率指數（Volatility Index ,VIX）是芝加哥期權交易所（CBOE）在1993年推出的市場波動率交易代碼，用以反應S&P500指數期權的隱含波動率。指數反映了投資人願付出多少成本，對待自己的投資成本，因此廣泛用於投資人對後市的恐慌程度。

**　隱含波動率（Implied Volatility）是依選擇權實際在市場上成交的價格，取得該價格反映出的指數波動程度，也可以說是市場對指數未來波動程度的看法。

機，追多佈局，市場積極樂觀；反之，市場出現風險，投資人為了避險，追價買進賣權，賣權隱含波動率因投資人追價快速上升。從市場與隱含波動率的關聯觀察，賣權隱含波動率可以用來判斷投資人避險需求程度。

為了更有效率運用隱含波動率，市場將隱含波動率編列成指數，而隱含波動率所編列的指數叫波動率指數，這就是大家耳熟能詳的恐慌指數（VIX）。波動率指數（VIX）是由美國芝加哥選擇權交易所一開始選取了S&P100指數選擇權的近月份和次月份最接近價平的買權及賣權的八個序列，將其隱含波動率分別計算之後，再予以加權平均，而得出這項指數。

這項指數在2003年9月時進行了一項修正；該修正將選取的標的指數選擇權由S&P100改為S&P 500，並將選取的買權及賣權的各個序列，由最接近價平的序列改為所有序列，這項改版擴大了計算範圍，使得新版波動率指數(VIX)更能夠正確反映投資人對美股恐慌程度。

「美國股市打噴嚏，全球股市跟著重感冒。」美國是全球第一大經濟體，對於世界經濟具有高度的引領效果，當投資人對美股未來發展趨勢感到恐慌時，全球市場也會跟著難有樂觀氛圍。因此波動率指數(或稱為恐慌指數，VIX)增加，代表投資人對美股後勢感到恐慌，而此一恐慌氛圍會漫延至全球。當市場感到恐慌時，資金退出風險商品；而從風險商品退出的資金自然往避險商品靠攏。

此時做為避險商品的黃金就成為資金避風港，在資金行情的推升下走高；反之，當波動率指數下滑，代表市場恐慌氛圍減

緩，投資人願意承擔更大風險，以獲取更高的預期報酬，此時資金會移往風險商品，被用來避險的黃金其價格會因為資金流出，而轉弱回檔。

　　基於上述情況，投資人在操作黃金時，除了要留意大戶佈局動態，對於波動率指數（或稱為恐慌指數，VIX）變化同樣需要特別追蹤（見圖6-18、6-19、6-20、6-21）。值得留意的是，波動率指數除了可以用來判斷金價走勢之外，還可以做為行情轉折的依據，在筆者的前一本著作《戰勝期貨》之中，對於如何運用波動率指數判斷行情轉折已經做說明，因此本段就不再贅述，有興趣的讀者可以翻閱《戰勝期貨》，了解波動率指數其他實務運用。

實務案例：輕鬆算出損益

　　與其他期貨商品相同，黃金期貨因契約規格一樣有大小之分，然而與其他期貨商品不同的是，黃金期貨小型合約較不受市場青睞。基於流動性風險考量，在實務案例只介紹紐約商業交易所(NYMEX)發行的黃金期貨(代碼：GC)。必須留意的是，黃金期貨除了小型契約流動性較差之外，黃金期貨的熱門交易月份與其他商品也不盡相同。

　　大部分期貨商品接續月即為熱門月，舉例來說：2月台指期結算後，接續月是3月，此時台指期就成為熱門月。而道瓊期貨在3月結算後，接續月是6月就成為熱門月。但是黃金期貨卻不相同，當2月黃金期貨結算，接續熱門月跳過3月，直接交易4月契約。黃金期貨交易熱門月份為偶數月，2、4、6、8、10、12，雖然奇數月1、3、5、7、9、11依舊有掛牌，但交易量低，並不適合操作。

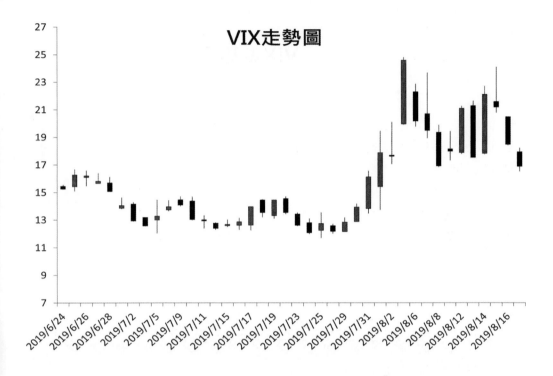

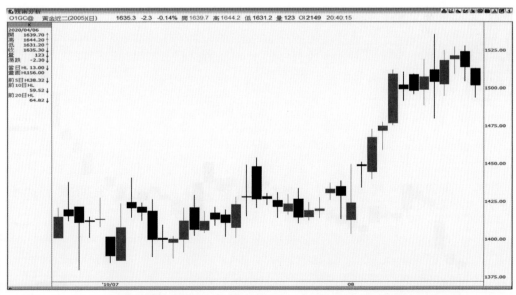

圖 6-18、6-19 美中貿易戰急轉直下恐慌指數走高，金價隨著市場避險需求增加走揚。
(資料來源 DQ2)

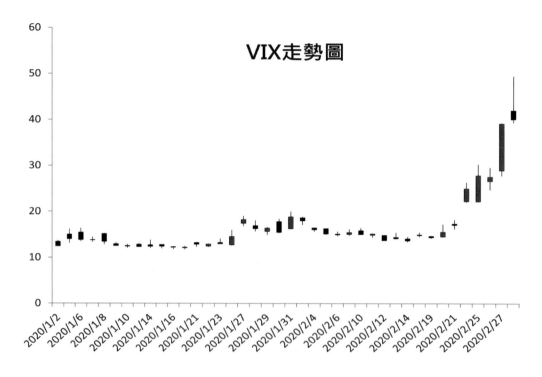

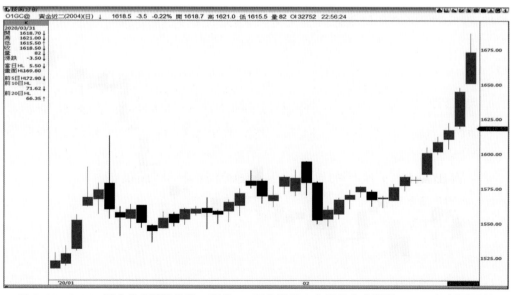

圖 6-20、6-21　黃金具有避險效果，因此VIX變化與黃金走是具高度相關，2020年新型冠狀
病毒(Covid-19)流行期間，VIX飆高金價隨之走揚。(資料來源 DQ2)

黃金期貨多頭避險(1)

　　某電子大廠以黃金為原料製造高科技電子產品，廠商擔心金價走揚造成成本提高，因此買進黃金期貨進行多頭避險，買進價格1588.5美元，上漲至1688.8美元，停利出場，此筆交易損益計算如下：

〔 (賣出點數－買進點數)/最小跳動點數 〕×1跳價值

〔(1600.8－1588.5)/0.1 〕×10＝1,230

獲利1,230美元，約新台幣36,900元。

黃金期貨多頭避險 (2)

　　某牙醫醫材大廠對於黃金需求居高不下，擔心金價走高侵蝕企業營收，因此買進黃金期貨進行多頭避險，買進價格1616.1美元，上漲至1700.8美元，停利出場，此筆交易損益計算如下：

〔 (賣出點數－買進點數)/最小跳動點數 〕×1跳價值

〔(1700.8－1616.1)/0.1 〕×10＝8,470

獲利8,470美元，約新台幣254,100元。

黃金期貨空頭避險(1)

　　廢電器回收業者回收廢電器熔金，業者擔心金價下跌造成金產出不敷成本，因此實施空頭避險，放空黃金期貨放空價格1700.3美元，待金價下跌至1655.1美元回補，此一空頭避險損益計算如下：

〔 (賣出點數－買進點數)/最小跳動點數 〕×1跳價值

〔(1700.3－1655.1)/0.1)〕×10＝4,520

獲利4,520美元，約新台幣135,600元。

黃金期貨空頭避險 (2)

　　金飾業者擔心金價下跌造成存貨跌價損失，因此實施空頭避險，放空黃金期貨放空價格1698.3美元，待金價下跌至1650.1美元回補，此一空頭避險損益計算如下：

〔 (賣出點數－買進點數)/最小跳動點數 〕×1跳價值

〔(1698.3－1650.1)/0.1) 〕×10＝4,820

獲利4,820美元，約新台幣144,600元。

黃金投機操作 (1)

　　A君長期觀察恐慌指數(VIX)，A君發現近期恐慌指數不斷走高，他認為市場恐慌會帶來避險需求，有利於金價走升。有鑑於此，A君買入黃金期貨，買進價格1599.2美元，上漲至1630美元，獲利了結，此一投機操作損益計算如下：

〔 (賣出點數－買進點數)/最小跳動點數 〕×1跳價值

〔(1630－1599.2)/0.1 〕×10＝3,080

獲利3,080美元，約新台幣92,400元。

黃金投機操作 (2)

　　沒有任何分析基礎的情況下，B君猜測金價可能會下跌，於是放空黃金期貨，放空價格為1580美元，然而行情不如B君預期，金價持續走升，上漲至1600美元時，停損出場，此一投機操作損益計算如下：

〔 (賣出點數－買進點數)/最小跳動點數 〕×1跳價值

〔(1580－1600)/0.1 〕×10＝-2000

損失2,000美元，約新台幣60,000元。

CONCLUSION
結　語

　　今年是鼠年，是十二生肖新的一輪開始。同樣的，讓人措手不及的新冠肺炎打亂了金融界──美國股市接連熔斷、原油期貨負值……。難怪華爾街營業員說：「沒有歷史記錄可查，沒有操作模型可尋！」

　　可想而知，這一波股災套牢了不少散戶，但此時又有人說：「現在是財產重分配的時候。」真是如此嗎？

　　筆者一再強調：任何金融商品都會有風險，但風險最主要源自於人性貪婪。大部分投資人操作金融商品都只想著要賺錢，而不是想著要如何賺錢，也就是賠錢要坳到賺錢，賺錢時想要賺更多的錢，這就是貪婪，也是風險的主要來源。金融市場的操作是變化無窮的，唯有虛心的不斷使自己學習、精進，才能滿載而歸。

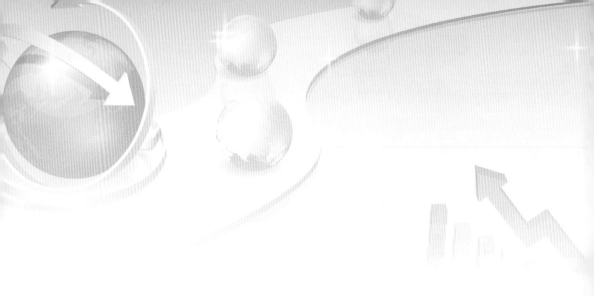

本書贈送

DQ2國際贏家專業軟體21天
(期貨方案)

申請限制：新使用者且每人限申請一次

加入精誠資訊「期貨全球視野」line@好友，

傳送買書證明拍照，

將有專人提供DQ2體驗帳號

line ID： @816jcslv

大億財金 33　　　　**戰勝期貨**　　　　郭子維 著　　　定價 200 元

　　由於坊間有關金融商品操作的書籍分類過細，使得操作流程被嚴重細分，造成投資人閱讀完後無法融會貫通，學習成效大打折扣。因此作者試著將自己在金融市場多年來所學，或體會到的策略及分析方式做精華濃縮，撰寫出一本完整操作分析的書籍，這是本書的第一特點。

　　此外，作者以生活周遭的事物作為案例，讓投資人可以迅速抓住重點，並了解操作時的精華，這是本書的第二個特點。

　　本書內容是經過實務交易驗證得到的精華，所以提到的操作心法及分析方式實務都可以落實使用。兩項特點再加上實務驗證，本書的內容對於投資人操作等級的提升具有相當大的幫助。

大億財金 38　　　　　　　　XS 程式交易煉金術

杜昭銘（Parkson Dow）數據金、黃建憲著　390 元

　　程式交易是結合傳統技術分析知識與程式寫作能力的交易方式。對交易者而言，透過學習設計程式交易策略，可以提升在市場的獲利能力和交易心理素質；因為在設計過程中，會看到許多不曾發現的錯誤交易邏輯，以及無法順利被量化的交易條件，讓你看到原始策略自以為是的缺點。此外，程式交易的優點是：精確、速度和簡單化，讓每一次決策判斷都在同樣的條件基礎上。

　　投資人透過本書提供的操作模式構建策略，並多加練習，就能對程式交易的策略開發能力得心應手，上線操作自己的第一支客制化交易策略。藉由電腦快速的計算與執行，幫助交易者精準執行所有策略，並且更進一步瞭解自己的策略。最終，在格式化後的穩定基礎上，設計出針對策略的最佳資金管理系統，至此，程式交易的獲利能力便可將傳統交易狠拋腦後了！